easy
Houseplant

超好種室內植物

簡單隨手種，創造室內好風景

作者=唐芩
編審=台灣植物社總經理陳長凱

擁擠的城市，封閉的生活，忙碌的工作，

你是不是覺得快透不過氣了？

居家、辦公、商場店面都適合的室內植物

讓你少花錢、不費心，

就能輕鬆擁有清新健康美麗和浪漫。

在身邊擺上幾盆美麗的花葉吧！

讓大自然的美好活力時時刻刻滋潤你。

好心情 DIY

　　每個人只需要在自己的生活環境中妝點幾盆花草，心情和健康就會跟著鮮活起來。

淨化舒展室內生活

　　你知道嗎，現代人生活中有三分之二以上的時間，都是待在密閉的室內空間。無論是在辦公室工作、下班後回家休息，或是到餐廳、商店裡吃飯購物，甚至在各類交通工具中。我們帶著活生生的軀體遊移於一個個禁錮的空間中，以為這樣至少可以避開大街小巷的烏煙瘴氣；其實，根據衛生機構調查發現，許多室內環境的空氣品質竟然比戶外環境更差。

　　灰塵、塵蟎、霉菌、抽菸、影印機飄溢的炭粉和臭氧、電腦螢幕的輻射、修正液裡讓人頭昏的三氯乙烯、麥克筆潛藏的苯等有害物質，每天隨著空調設備在室內裡循環著；所以你容易莫名其妙地眼睛乾澀、鼻子過敏、口乾舌燥、咽喉痛、咳嗽、疲勞、頭痛、昏昏欲睡、情緒焦躁。因此，愈是都會化、壓力大的生活，愈是需要投入更多的心力來淨化與舒壓自己的身心靈。

　　自然植物是室內最佳的「空氣清靜器」，也是讓人心情輕鬆的好朋友。加拿大生物工程學家曾運用火山熔岩、花草植物、青苔和小水池組成生態組群，並藉由通風系統循環的方式，過濾掉空氣中的二氧化碳和懸浮物，再造出新鮮的氧氣和增加空氣中的負離子；不僅能改善室內氣氛，優美的景致也讓人壓力頓消，身心放鬆。我們沒有能力建構如此大的除塵器，但隨手拈來一朵花一枝草都能為你的心肺更添清新。

養花、養心，也養顏

　　自然、美麗的花草植物蘊含著生生不息的能量，對於污濁的空氣具有淨化作用。一盆曼妙的花卉，幾叢翠綠的葉姿，都為封閉的空間和寂冷的心帶來溫柔的撫慰。

　　花草植物與室內空間的結合，不僅已是時尚趨勢，也是有益身心健康的必要常識。市面上許多講究品質和氣氛的營業場所，也都以花草植物做為吸引消費者的賣點。因此植物在居家和辦公室廣受歡迎，尤其具耐陰性的植物能夠在室內環境中生長，與我們關係更是密切，平常多挑選自己喜歡的盆栽擺飾在窗邊或牆隅，愈欣賞，必然心情愈好，而能常保一分好心情，自己也會愈加的美麗、健康。

　　本書精選數十種適合室內栽培的花卉與觀葉植物盆栽，提綱挈領的解說特色與照顧訣竅，並提供居家、辦公室或經營商店時園藝佈置的擺設建議，以及時下熱門、耐久的插花植物最佳的養護方式，祈望你無論置身在哪一個時空中，隨時都能享受拈花微笑的喜悅。

唐芩

2002.05于花草產房

室內植物特色

　　想要在室內植花栽草，就要先認識什麼是適合與人親密生活在一起的「室內植物」。

1.光線明暗是關鍵

　　就生長特性來說，室內植物必須忍受一般建築物裡普遍的「陽光微弱」和「通風稍差」；也就是說，需要具備優越的耐庇蔭性和生機強健的品種，才能在室內生長健旺。

　　要如何分辨出忍受光線陰暗能力較強的植物呢？一般而言，莖、枝肥厚，葉片大而厚實，或是葉色濃綠、具光澤、蠟質等植物，通常耐蔭庇性較佳。但同為耐蔭庇的植物，對光線強弱的包容度仍有差異，本書於各個植物介紹時均標注光線需求量，分為適合「微弱」、「柔和」、「明亮」三個程度，也有些植物對光線的適應力較佳，可接受光線變化的程度較大，如「微弱～柔和」均可，或是「微弱～明亮」均可接受：

■需「微弱」光線：耐蔭庇性極佳的植物，對光線微弱的環境忍受力強，可放置於室內光線較幽暗處；但需注意，此處至少需有稀微的陽光透入或人工燈光的漫射餘輝來滋養，不能真的暗到伸手不見五指。

■需「柔和」光線：此類植物適合擺設於採光門窗至室內最深處間的折衷區位，雖不需太明亮的光線，但也不宜太蔭庇，否則葉色和花朵容易變黃或脫落。如果不得不栽植在很陰暗的位置時，可儘量放置在有燈光照明的房間。

■需「明亮」光線：喜歡陽光的室內植物雖不需要戶外強烈的日光直照，但仍需柔和明亮的室內光線才能生長良好，因此適合栽培在靠近採光門窗1~2公尺範圍內的明亮處，或擺設於具遮簷的陽台、窗台、

樓梯間。如果要擺放在陰暗處，就一定要以人工燈光或檯燈來補光，但切記光源離植物至少要保持30公分以上的距離，以避免葉片或花卉因聚熱而灼傷。

能夠清楚了解各種植物對光線需求的差異，才能在適當的位置選用正確的花葉植物，發揮最佳的美化、綠化效果。

2.輕鬆栽培三等級

室內植物除了對於栽種環境的光線需求有個別的差異性之外，因應現代忙碌的生活形態，本書更將所介紹的各種植物依據個別品種生性的強健度以及澆水和施肥的需求性，區分出日常照顧時的難易指標，以便於讀者輕鬆快速的選擇和掌握。

A 自立自強超好種【 適合對象：宇宙無敵超級大懶人 】

此類植物品種多半強健易活，且具有耐旱的特性，毋需天天澆水或按月施肥，偶爾疏於照顧也能堅強的活下去。超級大忙人及大懶人最適合選用此類花木來美化生活。

B 順手栽培很輕鬆【 適合對象：有點懶又不會太懶的人 】

如果你只是有點忙又不會太忙、或是有懶又不會太懶，除了上述「自立自強超好種」的植物，你還可以嘗試選擇本類型的美豔花葉來栽種；原則上，只要每1~2天記得澆澆水就沒大問題。

C 多點關心便ok【 適合對象：其實很勤奮的小小懶人 】

多為需水性較高的「濕樂族」，每天澆水和偶爾在附近環境中噴灑水霧，便能使她們生長得更旺盛、美麗；也由於此類盆栽的水氣較多，宜擺設在通風較佳的位置為宜。

Contents

Part2

住家、辦公、商家
都要注意的盆栽擺設重點

Part1

超好種室內植物必活10訣

Contents

Part3
超好種的室內植物

Part4
隨手插花DIY

Part-1

超好種室內植物必活10訣

要做好室內植物的日常照顧與維護其實不難，只要能充分掌握以下10項關鍵訣竅，一個美麗的室內花園就是你的了！你有室內園藝的合夥人嗎？如果平日生活忙碌，也許可以考慮和家人或同事輪流來照顧室內的植物盆栽，如此一來，大家都有機會與美麗的花草交流情感，而且只需要一起準備一個小工具箱即可，既省事又省錢。

1. 基本配備工具箱

工具箱可以儘量的精簡，掌握六樣最基本的配備就足以讓園藝維護工作時更順手、更安全。

1. 澆水壺---「蓮蓬式灑水壺」能將水分均勻澆灑於植物的葉片上，順道清潔葉面上的塵污再滑入盆土；但葉片肥厚、具茸毛的植物，以及各種花卉通常較不適合直接淋水，此時需採用「尖嘴噴水壺」將水直接導注於土壤上。

2. 噴霧器---長時間處於室內空調狀態的植物容易發生葉片乾燥的現象，另外像是生性喜好潮濕環境的植物，也需要適時利用噴霧器在葉面製造出細小的水霧，以保持生長所需的滋潤。

3. 鏟與耙---鬆土、換盆時經常需要用鏟子或耙子來幫忙，如果栽種的是袖珍型的小盆栽，只需準備輕巧的小鏟、小耙、小錐子即可；若針對中、大型盆栽，則必需強而有力的大鏟子才方便使用。

4. 工作手套---搬運盆栽、施肥、修剪枝葉時，最好能戴上工作手套來保護雙手，以避免遭肥料或莖刺污傷。

5. 枝條剪---修剪粗硬的植物莖葉時，採用專業用的枝條剪較為鋒利，可避免不當拉扯植株，並使植物的切口平整美觀。

6. 固定用鐵絲---要控制蔓藤性植物的莖枝生長方向，除了可以架設支柱或藉由鐵窗引導外；在莖條每隔一段距離以軟鐵絲固定則更加牢靠，尤其綠色的軟鐵絲與植物莖葉的顏色較相近，可避免視覺上的突兀。

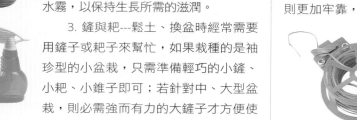

2. 馴化適應新環境

植物和人一樣，對於新的陌生環境都需要一段適應期，因此，無論是在植物的原產地、園藝店購買了盆栽，或是把盆栽從家裡搬移至辦公室，一旦植物面臨生長環境上的變遷，對於新環境的光線、氣候、溫度、濕度條件，都需要漸漸去適應，否則容易產生葉片變黃、凋萎、莖枝軟弱等不適應現象。

幫助盆栽適應新環境的過程稱為「馴化」，新、舊環境雙方的光線、溫度、濕度等條件若是愈相近，則馴化愈容易完成；若新、舊環境條件相差太遠，則植株即使經過長時間的馴化過程也未必能適應良好，例如寒帶的植物要適應濕熱的海島氣候，或是需要強烈日光照耀的植物硬把它長時間擺飾於陰暗的室內，都不容易存活。

馴化的基本原則，就是先注意在盆栽購回或搬動前，若栽培於較為明亮的環境，則移置新環境時亦須先放置在光線明亮、通風良好的陽台或窗邊，然後每隔一星期，漸漸將盆栽往室內的方向移動1~2公尺，依此類推，直至馴化到預定擺設的定位。相反的，若是原本栽培於較蔭庇處的植物欲新擺設於較明亮之區域，則馴化過程同樣以漸進方式，每隔一星期，將盆栽由蔭庇處逐漸往亮處移動1~2公尺。

注意在馴化的過程中，只要保持土壤濕潤即可，不要過度澆水，且暫時不需要施肥。

本書所精選的各種植物都適合蔭庇光線下生長，因此在馴化為室內植物很容易。對於所謂蔭庇的光線，更細分為「微弱」、「柔和」、「明亮」三個程度，使讀者便於了解各個植物適合擺設的區位，如「需『明亮』光線」的植物宜擺設在室內靠窗位置，「需『柔和』光線」的植物適合栽培於室內的中央地帶，而「需『微弱』光線」的植物則可以接受更蔭庇的室內深處或角落位置。

3. 採光位置與照明

　　光線是植物生長和製造養分的基礎需求，室內植物雖不適合直接受到戶外強烈日光的照射，但仍需要柔和的微光來滋養才能維持生存。在室內栽植耐蔭庇性的植物，最適當的光線來源還是透過窗戶、窗簾的柔和陽光，或是經過家具和牆面折射後的漫射光線；也就是說，在白天的時候，房間裡不開燈卻能受到陽光透入的區位，正是適合擺飾植栽的區域。

　　都市裡的建築物有些可能終日都缺乏陽光射入，這時候就要特別選擇耐蔭庇性極佳的植物，如本書所指出僅「需『微弱』光線」類植栽；或是藉由室內人工照明來補充光線，置於桌面上的小盆栽則可依賴檯燈來補強，但須注意，植物和光源至少需距離30公分以上，以避免花葉因聚熱而灼傷。且依賴人工照明的植物，每隔半天或一天應移至能受到自然光的窗邊或屋簷下數小時，以維持植株的健康活力。

4. 定期轉身透透氣

　　植物具向光性，若是長時間受同一方向的陽光或燈光照射，植株會產生傾斜和發育不均的狀況，因此，定期幫盆栽轉個方向，才能保持植株勻稱的光線吸收和姿態。

　　長時間擺在室內的盆栽，對陽光與通風的攝取事實上都處於「飢忍」的狀態，若能每隔一段時間便將它們輪流搬到戶外接受大自然洗禮，可以讓花葉更具活力。

　　如果無法每夜都將盆栽移到窗台或陽台透氣，至少週休二日時也讓植物放個假，移至戶外遮簷下；等下週上班時再搬進來。另外「二批輪班」也是個好方法，就是將一部分盆栽放在戶外陽台，一部分則擺在室內觀賞，每隔2~3天輪流搬進搬出，這樣室內隨時都能有好花綠葉相陪，也同時能兼顧到植株的健康。

5. 澆水與長假保濕法

植物和人一樣，水喝太多或太少，都會生病。每種植物雖需水量不同，但是在澆水時機上有共同的原則，那就是「看見盆土乾燥就澆水」，而且，每次澆水量以「澆透」為原則，即看見澆灌的水開始從盆底排水孔流出來時，就可停止。

「噴霧水」是另一種提供植物濕度的方式，好濕性的植物如鐵線蕨、卷柏、孔雀蘭、莎草等，喜歡空氣潮濕的環境，因此可以常在葉面或盆栽周圍噴灑霧水，也可以將它放置在洗手間、浴室等水氣較重的地方，但至少每週要移到窗邊或戶外遮簷下透氣1~2天。

莖葉肥厚的植物和多肉植物、仙人掌類，生性較為耐旱，即使2週澆水1次亦無妨。而球根植物多半怕濕，葉片易腐爛，澆水時需注意將水澆在盆土上，不要淋灑葉面或花朵。

遇到放長假或出國旅遊期間，大家都會煩惱澆水的問題該怎麼辦？其實大多數的室內耐蔭庇植物，即使一週不澆水也無大礙，若是遇到假期更長，可委請親友代為照顧，或是採取下述應急的方法來變通：

1. 將盆栽移置室內較陰涼、且白天受到的漫射陽光較為柔和穩定的位置，並將葉片與盆土澆濕，然後在土壤上鋪蓋減緩水分蒸發的「乾水草」後再離開。門窗最好能留個縫隙來通風，若要緊閉門窗，則最好將盆栽移至戶外遮簷下。

乾水草

2. 生性較為好濕的植物，可在盆栽底下放置一淺水盆，或以淺碟子裝水，則盆土照樣能吸收到水分與濕度。

3. 「虹吸點滴法」是在盆栽旁邊將一盛水盆墊高於盆土表面，然後用一條布巾一端垂浸於水盆中，一端懸垂於盆土上方，讓水分沿著布巾一點一點的滴向土壤。

4. 另外也可嘗試市售如果凍狀的「固態水」產品，依照使用說明取適量置放於盆土上，也能緩緩的釋放出水分。

6. 換盆與調製培養土

　　一般從園藝店購買來的盆栽，盆器和土量多半已是適合該植物的尺寸，除非想換個更美觀的花盆，不然可暫時不需再換土換盆。

　　尤其室內耐蔭庇性的植物通常生長較為緩慢，平均每1~2年再換盆1次即可，每次盆器增大1~2吋。若發現盆栽「頭重腳輕」，植株高大茂密而盆器明顯太小且站不穩，或是盆栽植物的根部露出土壤或盆底的排水孔，也是需要換盆的時候了。

　　每次換盆時，土壤中的有機物幾乎也已消耗殆盡，所以也要一併更換新的培養土，並可趁機在土壤中調配各種有益的「介質」，以提升土壤的排水性和保肥功能。

　　發泡煉石：鋪在盆器內的排水孔上方，可避免澆水時土壤過度流失。

　　真珠石：可減輕盆土整體的重量，並增加培養土的通氣性。

　　蛭石：既可提高培養土的「保水力」又能增加「保肥力」，使水分和肥料的施用更有效力。

　　椰絲土：混入培養土提高疏鬆度，使植物根部伸展順利，並能減輕盆栽整體的重量。

　　蛇木屑：可增加培養土的通氣性與疏鬆度。

　　乾水草：將乾水草吸飽水分後，鋪設於盆土表面，可減緩水分蒸發散失。

發泡煉石

真珠石

蛭石

椰絲土

蛇木屑

乾水草

7. 補充營養更強壯

目前市售肥料的種類已從「天然肥料」，逐漸改良為標榜清潔衛生、無異味的「化學肥料」，並更進一步邁向了「環保肥料」的新紀元，環保肥料乃將肥料透過特殊的包覆處理，減低對土質、空氣、餘水與園藝工作者、室內其他寵物的污染性，如利用樹脂膜將氮、磷、鉀養分包裹起來成為顆粒狀，施灑於土壤後，每當澆水時該肥料顆粒遇水即起分解作用，逐漸釋放出養分。（如市售「好康多」）

就方便性來說，富含氮、磷、鉀的「三要素通用性肥料」可發揮一罐通吃的省事效果，無論盆栽屬於觀花或觀葉植物都可共同使用。（如市售「花寶2號」）

市面上亦有針對觀花、觀果或觀葉植物分別調配的專用肥料，觀花植物專用肥料主要特性在於含磷、鉀成分較高，可促進開花色澤艷麗且提升果實結果率（如市售（「花寶3號」）；而觀葉植物專用之肥料，特色則在於含氮成分較高，以促進植物根、莖、葉之強壯與健康，並增進分芽和葉面光澤的表現力（如市售「花寶4號」）。

植物若是不經施肥，雖不至於迅速枯竭，但在盆栽土壤受限、光線微弱、通風不佳的室內環境中，能定期施肥的植物通常比較長壽，也比較旺盛、美麗，因此，肥料仍是值得投資的小花費。施肥前，最好先將盆栽移至通風較佳的窗邊或陽台，並先將盆土澆水濕潤，以利帶肥滲入土層，使根部順利吸收。

好康多

花寶2號

花寶3號

花寶4號

8. 環保衛生與除蟲

　　由於植物盆栽含有土壤、水分與天然香氣，若衛生管理不佳會招來害蟲的侵擾，日常照顧時須注意以下防範措施：

　　a.選購植株時，即應仔細觀察莖、葉、花朵是否健康、完整、無蟲卵寄生。

　　b.盆土需使用經過衛生處理的培養土為佳，在一般園藝店即可購得；不宜任意在路邊或工地廢土堆挖掘，以免混雜太多病菌和雜質。

　　c.澆水時，切忌盆土表面或盛水底盤長期積水。

　　d.盆栽宜擺設在通風良好的位置，避免悶熱。

　　e.遇有枯葉、殘花或落果應儘早摘除。

　　有了以上基本的衛生管理，通常可避免大部分的蟲害。若是發現有植株的病況較嚴重，市售亦有專門針對灰黴病、白粉病、螞蟻、蚜蟲、介殼蟲、紅蜘蛛、薊馬、蛞蝓等昆蟲病媒的防蟲劑，可視實際需要使用。

　　由於部分防蟲劑所含的化學成分，或多或少對人體與室內其他寵物可能造成影響，施用時最好先將盆栽移至戶外遮蔭處，待完全復原再移入室內觀賞，並應避免在炎熱的中午或烈日下施用，陰涼的早晨或黃昏時較適合；施用除蟲劑前需先將葉片、莖枝充分澆水噴濕，再予以噴灑防蟲藥，操作時戴上防護手套，並避免將藥劑與花朵或花苞接觸。

　　近年來市面上亦出現標榜天然植物精油提煉的除蟲劑，此發展方向亦值得園藝愛好者關注。

9. 修剪殘花與枯葉

春去秋來，無論多麼強健或耐蔭的植物，也都會有生老病死的情況發生，看到盆栽上花朵凋萎、葉片枯黃就應順手摘除，以維持植物的整潔美觀，如此也可防止不必要的養分繼續消耗和滋生病蟲媒。

而每一季節或每年定期的修剪盆栽的枝葉，不僅可藉以控制植株的姿態和尺寸，並能促進新芽新枝生長，可說是有利而無害。

若是因為植株自然老化，或是照顧上的疏失而造成枯萎死亡，難以挽回時，不妨捨棄再添購新鮮健康的植株來重新栽培，惟有活力盎然的盆栽，才能為室內帶來清新愉悅的氣氛。而所謂「熟能生巧」，相信即使曾經為園藝初學者，在一次次的澆花、施肥、光線控制等照顧過程中，你一定會愈來愈了解植物的需要和生長性，漸漸摸得與花共榮的訣竅，讓盆盆花草都能綻放得既絢麗又長壽。

10. 耳目一新變裝秀

a.換個花盆，換個心情

紅花要綠葉襯托才顯得出色，不同風格的盆器，也能為植物創造出更多變的風貌，帶來令人耳目一新的感受。想變換一下心情嗎？希望花草也和你一樣風情萬種嗎？有時候不妨也換個「很有型」的盆器耍耍花樣吧。

溫和包容（椰絲纖維吊盆）

穩重樸質（石製盆缽）

俏麗活潑（塑材造型花籃）

優雅端莊（方陶盆）

前衛個性（造型試管）

高貴典雅（倒錐造型）

浪漫女人味（玫瑰長型盆）

秀氣拘謹（立長型花器）

自然率真（乾燥花裝飾籃）

b.小裝飾立大功

　　如果嫌盆栽表面裸露的泥土不雅觀，還可在土壤上頭鋪起五彩繽紛的小碎石，或是圓滾滾的透明彈珠做美化，這樣可同時減少澆水時泥土被噴濺起來的污漬問題。

　　在盆器旁邊還可找些裝飾品來搭配，像是可愛的卡通模型、愛撒嬌的小貓、神祕色彩的獅身人面、金字塔、古木、奇石或是緞帶等等，都能讓盆栽看起來更有意境和趣味。

c.閃亮噴葉劑

　　植物也有透明亮麗的指甲油呢！將園藝專用的亮光劑輕輕噴灑於「葉片的正面」，立刻就會產生光潔油亮的視覺效果。切記，此種「專業化妝品」僅適合用於葉片「質地較厚、具光澤」的植物類型，並且只能噴灑於葉片的「正面」。若植物葉面上具有茸毛，或是質地輕薄、多肉類植物以及植物的花朵部位，皆不適用。

　　在使用亮劑時，為求噴灑均勻，噴頭應距葉面30公分以上來回輕輕地噴灑數次，噴灑的厚度愈薄，則效果較為自然；若是不小心噴灑太厚時，可用清水擦拭洗去，重新再試。想將盆栽當禮物送人，或是商店開張時為求亮麗效果時，可考慮試試。

園藝宅急便‧小懶人的福音

1 委託園藝店外送定期更換新盆栽：

對於用花量大且無暇照顧大量盆栽的公司和住家，可考慮坊間有些園藝店提供的定期更換、代客維護的服務。可先比較幾家園藝店的植物種類、更換盆栽的頻率和收費標準，並溝通每週或每特定週期送來的植物數量與種類，做好各方面的評估後，每週、每月便固定有人來收送盆栽，可減輕自行照顧植物、施肥的工作負擔，也可時時變化新意。

2 不出門送花社交法：

用花來做社交已成為時尚高級的禮儀，在忙碌的生活中，無法每次都出席親友、同事或客戶的重要活動和節日，有時即可採用委託送花的方式來表達祝福之意。平時先篩選出幾間種類豐富、包裝風格優雅且價格實惠的花藝店，將名片納入你的採花名冊中，在需要時便可一通電話委託送花。記得電話中要指明所需要的植物搭配，或要求莖枝較粗壯、花朵結實的種類，避免因纖細嬌弱而在運輸中途發生折損等失禮的事情。另外包裝方式及送達對方的時間、應付的價格都必須一併談妥。

Part-2

住家、辦公、商家
都要注意的盆栽擺設重點

居家、工作空間與開店創業可說是人生中最重要的三個生活空間，也是我們停留時間最多的室內環境，如果能善加運用各種耐蔭庇的室內植物來妝點，便能營造出更舒適的氣氛和公司形象。除了依據各自住宅、辦公室或商店的採光特性，來選擇耐蔭庇程度不同的植物栽種，以下更提供就空間規劃設計上的基本原則供你掌握。

1. 浪漫居家好生活

空間區位	機能與氣氛	植物選擇與擺飾	
進門入口	玄關門廳的佈置重點在於呈顯屋主的生活品味，並營塑回到家園的溫馨氣氛。	尺寸型態	綠意盎然的中、小型盆栽為宜。
		色彩計畫	●依家庭成員喜好來選擇粉色系、翠綠或多色彩的明朗花葉色系。 ●避免暗沈、枝葉下垂型的植物。
		適合植物	●觀葉植物如飄逸的鐵線蕨、健壯的粗肋草，或簡約風格的石菖蒲。 ●耐蔭庇性的花卉植物，如色彩華麗的大岩桐或花型玲瓏小巧的非洲菫。
		搭配佈置	●小盆栽適合放置在能吸引人目光的檯面高度，附近若有鞋櫥務必經常收拾整齊，才能相得益彰。 ●直接置於地面上的中型盆栽，要特別注意在盆栽底部加置一盛水盤，避免澆水後大量的餘水和泥土四溢。
客廳	客廳為家人起居休憩及接待親朋好友的重要空間，可視節慶或訪客性	尺寸型態	通常以中、小型盆栽或插花方式為主，避免選用大型盆栽，以免容易招來蚊蟲和產生壓迫感，除非特殊節慶活動可做短暫的佈置。
		色彩計畫	●平日工作忙碌的家庭可選擇綠色觀葉植物以舒緩壓力。 ●假日休閒時可換上色彩較繽紛的花葉來裝飾。

	質變換盆栽花飾。	**適合植物**	●花、葉光潔且小巧的盆栽，如竹柏、短葉虎尾蘭、心葉蔓綠絨、黃邊百合竹。 ●玫瑰、百合、火鶴、菊花等各種插花材、葉材和果材。
		搭配佈置	●盆栽或插花可擺設於茶几、電視櫃旁或其他不妨礙活動的位置。
臥房	寧靜祥和，適合休息和閱讀的空間氣氛。	尺寸型態	●為了維護臥房的衛生，儘量選用小型水栽植物或插花材。 ●通風、窗邊位置可放置小型帶土壤的盆栽。
		色彩計畫	●清雅柔和能安定精神的粉色、綠色花葉色彩為佳。 ●想特別營塑浪漫的氣氛，可選擇紅、粉紅、黃等鮮豔的插花材搭配。
		適合植物	●以水栽方式簡易插栽，如西洋文竹、百合竹、心葉蔓綠絨。 ●虎紋鷹爪、咖啡樹、彈簧草等小型盆栽。
		搭配佈置	盆栽可擺置於書桌、化妝檯旁，避免過於接近床褥或衣物收納櫃，以防濕氣和微生物侵擾。
浴室	盥洗、沐浴和排泄都是解除壓力和工作疲勞的重要方式，在浴室宜創造輕鬆舒爽的氣氛。	尺寸型態	浴室通常封閉且潮濕，宜選用耐蔭庇性強且能耐潮濕的小盆栽或水栽植物來佈置。
		色彩計畫	無開窗或光線黯弱的浴室，特別需要選擇葉色較濃綠的植物來擺設。
		適合植物	鐵線蕨、蔓綠絨、孔雀蘭、粗肋草、翠雲草、細葉捲柏等好濕、耐蔭的觀葉植物。
		搭配佈置	擺設於不妨礙盥洗活動的區位，如浴缸角落或於壁上設鉤吊掛；至少每隔1~2天需將盆栽移至通風明亮處透氣和補光。
廚房與餐廳	掌握家人健康的烹飪與飲食環境，愉快與	尺寸型態	選用小巧可愛且生性強健的觀葉植物為宜，更簡便的方式是剪取適合水栽的植物莖段以水缽栽培。

	促進食欲是空間佈置的主要目標。	色彩計畫	●植株整潔、葉片光滑、色澤濃綠，或能引發食欲的橘黃色系花葉。 ●要減低食欲則可採藍綠色系。
		適合植物	葉面不易沾塵的觀葉植物如咖啡樹、竹柏、吊竹草或西瓜皮椒草等。
		搭配佈置	●盆栽擺設宜遠離電器、瓦斯爐、抽油煙設備，儘量靠窗或洗滌槽角落。 ●大油煙炒菜烹調或以洗潔劑大清掃時，需先將盆栽移置陽台或客廳通風處。
陽台	半室內半戶外的空間，適合做為室內植物透氣、補光的場所，也比室內更適合栽培較多的植物。	尺寸型態	可依各自陽台空間的大小和空餘場地，決定盆栽尺寸與數量。
		色彩計畫	耐蔭庇性的開花植物，以及彩度較高的觀葉植物。
		適合植物	●開花植物如鳳仙花、白鶴芋、鳥尾花、大岩桐。 ●觀葉植物如彩虹竹蕉、觀葉秋海棠。 ●具攀爬和懸垂性的植物如綠之鈴、蔓綠絨、虎耳草、毛萼口紅花。
		搭配佈置	陽台若有加裝鐵窗，可靈活運用具攀爬和懸垂性的植物，創造垂直性的視覺效果，美化鐵窗。

2. 清新活力辦公室

空間區位	機能與氣氛	植物選擇與擺飾	
入口門廳	樹立企業形象的門面地方，運用植物特性來表現穩重踏實、友善體貼或是欣榮旺盛的期望。	尺寸型態	●大型企業或辦公空間寬敞的公司，適合選擇綠意盎然且莖枝健壯、型態穩重的中、大型盆栽以表現大器風範。 ●規模較小或女性訴求的公司和工作室，適合特殊、精緻的中、小型盆栽和盆器來搭配。
		色彩計畫	象徵招財的黃色系花卉或葉片大而圓潤、厚實、濃綠之觀葉植物最討喜。（時興流行的「發財植物」系列請參考《吉祥植物》
		適合植物	●中、大型盆栽如觀音棕竹、鵝掌藤、鴨腳木、巴西鐵樹。 ●適合表現細緻感的小型盆栽如大岩桐、金脈單藥、細葉卷柏、翠雲草、袖珍椰子等。
		搭配佈置	盆栽四周環境需注意保持整潔，在盆栽上方或旁側若能輔以適當的投射燈光，更能顯出氣派與價值感。
訪客接待室	莊重、理性、和諧的接待訪客、洽談公務之氣氛。	尺寸型態	中、小型盆栽或插花妝點，避免喧賓奪主及產生壓迫感。
		色彩計畫	●柔和的粉色系花葉。 ●帶點喜氣又不失莊重的彩紋觀葉植物。
		適合植物	新幾內亞鳳仙、彩虹竹蕉、彩虹竹芋、黃金百合竹、金脈單藥等。
		搭配佈置	●擺設盆栽宜選擇角落位置。 ●插花瓶器可擺置於桌面，但不宜妨礙洽談時視線與桌面作業。
會議室	簡潔、俐落，提供公司同事研商業務的平靜氣氛。	尺寸型態	依會議室空間大小和擺設位置決定盆栽尺寸與數量。
		色彩計畫	●在花葉色彩上可視每次開會的主題性做變化。 ●綠色系觀葉植物可提高思考能力。 ●慶祝、聯誼性等集會，可採色彩較鮮亮繽紛的盆栽。

		適合植物	●中型盆栽如白鶴芋、觀音棕竹、斑葉鵝掌藤、鴨腳木等。 ●可依會議性質選購插花材擺飾，如天堂鳥、蝴蝶蘭、劍蘭等。
		搭配佈置	●擺設盆栽宜選擇角落位置。 ●插花瓶器可擺置於桌面，但避免妨礙洽談時視線與桌面作業。
個人辦公區位	個人辦公桌和活動區間，可選擇使自己視覺舒服、心情愉快的植物種類。	尺寸型態	●玲瓏小巧且耐乾燥的盆栽為宜，避免需常澆水而污損桌面。 ●鮮美花材可做為插瓶。
		色彩計畫	●綠色植物具有紓解壓力和減輕視覺疲勞的效果。 ●可依心情及個人喜好，選擇鮮豔的花材以提振精神或柔美的花朵來撫慰心靈。
		適合植物	●白紋草、吊竹草、虎紋鷹爪、竹柏、咖啡苗、短葉虎尾蘭、袖珍椰子等綠色植物。 ●玫瑰、百合、向日葵、桔梗、太陽花等各種插花材。
		搭配佈置	●宜擺設於不容易被碰撞和不妨礙工作的位置為宜。 ●座位靠窗者可藉由自然光來滋養盆栽。 ●必需長時間以桌燈採光者，則注意盆栽需與桌燈保持30公分以上的距離，以免花葉灼傷。
茶水休憩區	泡茶、沖咖啡或工作中途小憩之空間，雖然活動時間短暫，但對員工心情調適極具影響力，以溫馨、輕鬆為宜。	尺寸型態	●視空間大小選擇盆栽尺寸與數量。 ●大型的休憩空間或員工餐廳可擺設大盆栽營造綠林氣氛。 ●小空間如吧台或廚房、茶水間可選擇單純、可愛的小盆栽。
		色彩計畫	翠綠、清爽或形貌有趣的植物，均各具不同的心靈療效。
		適合植物	●中、大型盆栽如觀音棕竹、斑葉鵝掌藤、阿波

			羅千年木、五彩竹蕉、皺葉椒草、西瓜皮椒草等。 ●小巧盆栽如彈簧草、百合竹、白紋草、吊竹草、竹柏、袖珍椰子、短葉虎尾蘭等。
		搭配佈置	可與零食櫃、杯碟架等一併擺飾佈置。
聽雨軒	洗手間除了解放生理需求，更是工作中暫時放鬆的獨處空間，清爽、有活力的植物可發揮平撫情緒效果。	尺寸型態	●耐濕且耐蔭庇性較佳的小盆栽。 ●可剪取莖段插栽於水缽的植物。
		色彩計畫	葉面潔淨、亮麗之觀葉植物為佳。
		適合植物	鐵線蕨、蔓綠絨、百合竹、細葉捲柏、翠雲草等。
		搭配佈置	將盆栽放置於洗手台旁，或以吊盆方式掛於壁上，避免接觸地面以保持環境乾爽。

3. 商店迎客「花」心思

空間區位	機能與氣氛		植物選擇與擺飾
入口門廳	熱情、雅緻且符合商店經營旨趣之迎賓氣氛。	尺寸型態	視商店空間規模及妝點植物的用意來決定盆栽大小與數量，避免花草過於茂盛、繁多而遮擋住門牌和入口。
		色彩計畫	●單純的綠色觀葉植物可襯托店面的雅致。 ●有著繽紛色彩的花葉可吸引過路行人的目光。
		適合植物	●花葉鮮豔或外型吸引人的盆栽，如新幾內亞鳳仙、金脈單藥花、彩虹竹蕉、彩虹竹芋、觀葉秋海棠、狐尾武竹等。 ●具懸垂效果者如綠之鈴、毛萼口紅花、斑葉毬蘭、蔓綠絨等。
		搭配佈置	●配合店面風格設計，與戶外招牌或是室內門廳的書報架、等候區做整體佈置。 ●必須經常修整，避免殘花和黃葉現象。

收銀台	接受客人詢問與結帳的服務空間，宜表現親切和穩重。	尺寸型態	小型盆栽為主，避免遮擋視線或造成壓迫感。
		色彩計畫	葉質厚實、色彩翠綠的觀葉植物，或象徵招財之黃色花卉均適合。
		適合植物	非洲菫、大岩桐、鳥尾花、黃邊百合竹、竹柏、彈簧草均宜。
		搭配佈置	可與商店名片夾、型錄架等設施一併搭配擺飾。
賣場或座位區	賣場展售區或餐廳座位區均為顧客長時間停留的區域，植栽美化主要在於烘托商品與改善空間的單調性。	尺寸型態	●點綴性的簡潔植物為主，主景或區域性的分隔可採中、大型盆栽。 ●可選精巧的小盆栽或採幾枝美麗優雅的花草妝點座位和桌面。
		色彩計畫	花色或葉色均以清亮、整潔、優雅為宜，且必須和整個空間的牆面、家具等設施色彩作和諧的呼應。
		適合植物	●非洲菫、鳥尾花、毛萼口紅花、蔓綠絨、袖珍椰子、白紋草等。 ●玫瑰、蝴蝶蘭、百合竹等花、葉材，可修剪成短巧狀作為瓶飾。
		搭配佈置	植物的型態、尺寸大小、色彩，都需考慮到對商店風格、主題、活動範圍和美觀性有補強與加分的作用。
聽雨軒	恰當的利用植物作妝點提升廁所的人性化和清爽衛生的感覺，表現出經營的用心。	尺寸型態	●選用耐濕性、造型清爽別緻的小盆栽。 ●可剪取幾段適合水缽栽培的植物。
		色彩計畫	葉色清亮、葉面光滑的觀葉植物。
		適合植物	蔓綠絨、粗勒草、百合竹、細葉捲柏、翠雲草等。
		搭配佈置	植物盆飾可放置於鏡前、洗手台旁，或以吊掛方式妝點於壁面。切記乾淨、優雅的洗手間設計，可以提高消費顧客對該商店的評價。
員工休息室	服務性的工作人員首重平穩	尺寸型態	●大型休憩空間或員工餐廳可擺設中、大型盆栽。

		●小型的更衣間或休息間可採妝點性的小盆栽。
	色彩計畫	活力盎然的觀葉植物，或葉面具有鮮豔斑紋、開花植物均宜。
的情緒和親切的笑容，而員工休息室也正是員工們的情緒調節室。	**適合植物**	西瓜皮椒草、虎耳草、彩虹竹蕉、彩虹竹芋、袖珍椰子等。
	搭配佈置	可與座椅、茶几、置物櫃和鏡子等設施一併做擺飾佈置。

4. 花葉招財開運術

　　花葉植物釋放出清新的能量可調適人的情緒，在風水學上也常被用來做為驅除污濁、聚收祥和氣氛的重要自然資材，世界各國以花葉植物來開運、祈福、獻佛的情形素來十分盛行，自有其慎重、莊嚴的道理。

　　選對了植物的種類和色彩、擺對了位置，對於心靈平穩和工作表現上都會收到更好的效果，在此特別提出植物在室內風水學上的開運佈局之說，供有興趣的讀者參考運用。

■獻祭神佛的花葉植物，主要是顯示你的心意和願望，宜挑選盆栽或插花材姿態清雅、花葉光潔、圓潤、質厚者，或是取其花葉名稱與福、祿、財、喜有吉祥寓意者為佳。

■有人以鮮花供奉財神爺，包括五路財神、文財神比干、武財神關公、彌勒佛、福德正神、趙府元帥等；花葉旁常見搭配的象徵飾物如錢幣、元寶、水晶、琉璃、瑪瑙、貝殼、招財進寶刻字等。

■風水學中，「水」即是財源，栽植水生植物可搭配流水裝置、魚缸等設施來佈置，需注意具流動性的水景之水流方向，應狀似由外往室內流入之勢，不能看起來像是潺潺地往外流。

■一般要改善室內空間稜角和擋煞的簡單方式，就是在室內樓梯、通道或角落都擺設茂盛翠綠的植物來聚氣，並且多運用開窗採擷明亮的陽光，或是利用燈光來補強效果，使各個空間都免於陰暗，充滿人氣與旺氣。

Part-3

超好種的室內植物

適合對象
宇宙無敵
超級大懶人

*白紋草

白紋草葉語：斯文內斂

白紋草栽培容易，輕薄的葉片呈簇叢狀生長，而狹長的葉面上在葉緣處具有明顯的白色鑲邊條紋為其主要特色，全株姿態單純、清雅，適合做為書房或桌上小品盆栽。白紋草有著肥大的地下塊根，呈半透明狀，換盆土時可仔細瞧瞧。

特性：喜溫暖氣候，很耐旱。
觀賞期：春~秋季為觀賞期，冬季低溫時葉片會凋萎，如果保留土中的塊根，翌年春天將會再發新芽。
用途：盆栽、吊盆。

超好種 key point

光線：柔和～明亮光均可。
水分：每週澆水1～2次。
施肥：每2個月施肥1次，秋冬季不施肥。

挑選全株外形美觀、葉色翠綠且白色葉緣條紋顯著的植株為佳。

1.**日照**：白紋草適合栽培於光線明亮且柔和的半遮蔭環境，切忌陽光直射。
2.**位置**：❶室內靠窗2公尺範圍內，或燈光明亮的區域。❷具遮簷且陽光明亮、柔和的陽台或窗台。
3.**培養土**：排水良好的砂質壤土或腐植土均可。
4.**澆水**：白紋草極為耐旱，2~3天澆水1次即可，且務必排水順暢，避免塊根泡水腐爛。冬季如果葉片凋萎後僅存地下塊根留待土中，則可減少澆水，或直接廢除待翌年再購新盆栽。
5.**溫度**：20~28℃溫暖氣候為宜，炎熱的夏季需移至陰涼處，避免烈日曝曬或悶熱。
6.**施肥與維護**：每2個月施用三要素肥1次，秋冬季開始凋零進入休眠期，則停止施肥。

■白紋草種植多年後如果發生葉片生長過密，或是出現焦枯、褐黃現象，可適當的修剪除葉。

適合對象
宇宙無敵
超級大懶人

*吊竹草

吊竹草葉語：率真樸實

INTRODUTION　特徵與傳說

吊竹草為鴨跖草科植物，生性強健，容易栽培。葉型為尖卵形，青綠色葉面具有顯著的灰白色或紫色條紋，葉背依品種又分為豔麗的紫紅色或翠綠色，風格粗獷卻不失雅緻，其莖枝為蔓性匍匐生長，無論做為盆栽或吊盆觀賞均很適宜。

特性：**喜高溫、多濕環境。**
觀賞期：**全年。**
用途：**盆栽、吊盆。**

超好種 key point

光線：微弱～明亮光均可。
水分：每日澆水，冬季每週1~2次。
施肥：不施肥無妨。

HOW TO CHOOSE　如何選購健康植株

　　莖葉茂盛、莖節之間距離短、葉片平整且色澤豔麗的植株為佳。

CARING TIPS　日常照顧要點

1.**日照**：光線明亮或稍陰庇處均可生長，柔和且明亮的日照環境更能促進葉面色澤之鮮亮，但切忌烈日直射。
2.**位置**：❶室內靠窗，或可受到燈光漫射的區域。❷具遮簷光線柔和而明亮的陽台、窗台。
3.**培養土**：一般市售培養土。
4.**澆水**：每天需澆水1次，保持土壤濕潤。冬季則可減少供水，每週1~2次即可。
5.**溫度**：20~30℃溫暖至高溫環境為佳，冬天需移至溫暖、防風的地方。
6.**施肥與維護**：毋需施肥即可生長良好，如果每月施加三要素肥或氮肥，則更加促進葉片健康美觀，冬季可完全停止施肥。

QUESTION & ANSWER　Q&A經驗交流筆記

■吊竹草的莖節處容易生長出根鬚，剪下一段含根的枝條，插在水杯或濕潤的培養土中，可培育出新幼苗。

適合對象
宇宙無敵
超級大懶人

*咖啡樹苗

咖啡樹苗葉語：謙沖內斂

INTRODUTION　特徵與傳説

可別小看這外表平凡的小樹苗，長成後可是高達數公尺的咖啡樹，且結成的果實，更是風靡全球的咖啡豆原料。喜歡品嚐咖啡的朋友，不妨也在桌前擺上一株咖啡小苗，延伸你優雅的品味，更加展現你知性、感性的魅力。

特性：**喜溫暖環境。**
觀賞期：**全年常綠。**
用途：**咖啡樹用途極廣，幼苗可做為小盆栽觀賞，成熟高大後可做庭園樹；果實經烘焙製成咖啡豆；枝條與果實亦可做為插花飾材。**

超好種 key point

光線：微弱～明亮光均可。
水分：每2～3日澆水1次。
施肥：每2個月施肥1次。

HOW TO CHOOSE　如何選購健康植株

挑選莖幹粗健、葉片數量多且翠綠油亮的植株即可。

CARING TIPS　維護照顧要領

1.**日照**：咖啡樹對光線適應力強，溫和明亮之日照或稍蔭庇處均可生長良好；惟幼苗盆栽宜避免烈日直射。

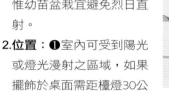

2.**位置**：❶室內可受到陽光或燈光漫射之區域，如果擺飾於桌面需距檯燈30公分以上，避免因聚熱而灼傷。❷光線明亮的陽台、窗台或室內中庭均可。
3.**培養土**：排水良好且肥沃的砂質壤土為佳。
4.**澆水**：2～3天澆水1次即可。
5.**溫度**：15～25℃溫暖氣候為宜。
6.**施肥與維護**：咖啡樹苗盆栽以觀葉為主，不考慮成熟結果，因此每2個月施用一次三要素肥或氮肥促進葉色美觀即可。常修剪莖枝頂端可促使側枝生長，增加葉片量及改善孤立的外型。

適合對象
宇宙無敵
超級大懶人

*竹柏

竹柏葉語：堅毅

INTRODUCTION 特徵與傳説

竹柏最高可生長成二十多公尺高的大喬木，由於對空氣污染的抗害力很強，亦為著名的行道樹種。葉片呈尖橢圓形，葉面上具有極細緻的線紋，但不見中央葉脈，因狀似竹葉而稱「竹柏」。

幼株外型淳樸卻同樣極具生命力，成熟葉片較為濃綠；新生的葉片則鮮嫩黃翠，整株葉色深淺交疊，做為小品盆栽極為清雅。

特性：喜溫暖環境，不耐濕亦不耐寒。
觀賞期：全年觀葉。
用途：幼株做為小品盆栽，成樹可做行道樹或庭園樹，其種實為經濟作物，可提煉製油。

超好種 key point

光線：柔和～明亮。
水分：每2日澆水1次。
施肥：每2個月施肥1次。

HOW TO CHOOSE 如何選購健康植株

莖幹挺直、葉量適中且著生著嫩綠新葉的植株為佳，也可購買數株栽種在一大盆中，營塑成小小的淨化森林。

CARING TIPS 維護照顧要領

1.日照：竹柏的幼苗盆栽需明亮而柔和的光線。
2.位置：❶室內靠窗的明亮區域，如果擺飾於桌面需距檯燈30公分以上，避免因聚熱而灼傷。❷光線明亮但柔和的陽台、窗台或室內中庭。
3.培養土：排水良好的砂質壤土為佳。
4.澆水：每1～2日澆水1次。
5.溫度：栽種竹柏幼苗，環境溫度宜20～28℃陰涼至溫暖氣候為宜，冬季低溫時需移至防風處。
6.施肥與維護：每2個月施用1次三要素肥或氮肥。

適合對象
宇宙無敵
超級大懶人

✱ 彈簧草

彈簧草葉語：時髦

INTRODUTION　特徵與傳說

彈簧草的莖枝短促，植株高度約5~10公分，極為低矮。葉片呈圓形或心型，中央肋脈明顯，且葉面微皺、向上隆起，充滿彈性感，像是一張張迷你的圓床墊，又因葉色墨綠勃亮，大面積栽種時綹褶捲曲的效果像是黑人頭的自然捲髮，因此也被稱為「黑美人」，是時髦又有趣的耐蔭植物。

特性：**喜高溫、多濕環境。**
觀賞期：**全年黝綠。**
用途：**盆栽、花圃地被植物。**

超好種 key point

光線：**微弱～明亮光均可。**
水分：**每2日澆水1次。**
施肥：**不施肥無妨，或每2個月施肥少許。**

HOW TO CHOOSE　如何選購健康植株

挑選整盆看來葉量茂密、黝綠光澤，且葉面隆起幅度顯著的植株為佳。

CARING TIPS　維護照顧要領

1.**日照**：光線柔和明亮或稍蔭庇處均可生長良好，避免烈日直射。
2.**位置**：❶室內可受到陽光或燈光漫射之區域即可。❷具遮簷且光線柔和明亮的陽台、窗台。
3.**培養土**：肥沃的砂質壤土為佳。
4.**澆水**：每1~2日澆水1次；冬季低溫時，需避免水分積滯於葉片上而造成凍傷。
5.**溫度**：22~30℃溫暖氣候為宜，冬季低溫時需移至溫暖、防風處。
6.**施肥與維護**：每2個月施用三要素肥或氮肥，可使葉片更健康美觀。

QUESTION & ANSWER　Q&A經驗交流筆記

■彈簧草繁殖容易，剪取幾段莖葉插於土壤中，常保陰涼濕潤，數週後即可培育成新幼苗。

適合對象
宇宙無敵
超級大懶人

*短葉虎尾蘭

短葉虎尾蘭葉語：威嚴

虎尾蘭依植株高度，可區別為「短葉虎尾蘭」與「長葉虎尾蘭」兩大類，從10公分至1公尺懸殊極大。若做為室內觀賞小品則通常選擇「短葉虎尾蘭」，葉片特色為寬短、肥厚，且緊密圍繞成簇生狀，黃綠相間的葉斑色彩極為醒目。而長葉虎尾蘭多運用在庭園花圃中的配景栽植。

特性：**喜高溫環境，耐旱。**
觀賞期：**全年。**
用途：**盆栽。**

超好種 key point

光線：**微弱～明亮光均可。**
水分：**每週澆水1～2次。**
施肥：**每2個月施肥1次，冬季不施肥。**

選擇葉叢緊密、葉片厚實無缺損，且黃、綠色澤鮮明的植株為佳。

1.**日照**：短葉虎尾蘭在明亮或稍陰庇的環境均可生長良好。
2.**位置**：❶室內靠窗邊，或可受到陽光、燈光漫射的區域即可。❷具遮簷且陽光柔和的陽台或窗台。
3.**培養土**：肥沃且排水性良好的腐植壤土為佳。
4.**澆水**：虎尾蘭具優異的耐旱性，每週澆水1～2次即可。
5.**溫度**：生長適溫約20~30℃高溫環境，冬季低溫時需移至溫暖防風處。
6.**施肥與維護**：每2個月施用三要素肥或氮肥，冬季暫停施肥。

■當虎尾蘭之葉叢生長過於茂密擁擠時，可強制分株，或移入較大的盆器栽植，以利莖葉繼續伸展。

適合對象
宇宙無敵
超級大懶人

＊虎紋鷹爪

虎紋鷹爪葉語：名譽

INTRODUTION　特徵與傳說

虎紋鷹爪植株高度約在5~20公分，全株葉面呈肥厚肉質狀，一葉葉彎尖朝天，蒼勁挺拔的外型虎虎生風，似老鷹之利爪，且葉面上密佈著突起的白色顆粒，葉緣有白色的細小尖刺，像是穿著華麗的珍珠外衣般精緻特殊。很適合搭配小巧的造景岩石、假山，作個性化的桌面擺飾。

特性：喜溫暖、耐旱，避免潮濕。
觀賞期：全年觀葉。
用途：小盆栽。

超好種 key point

光線：微弱～柔和。
水分：每週澆水1次。
施肥：不施肥無妨，尤其夏季不可施肥。

HOW TO CHOOSE　如何選購健康植株

挑選整株外型蒼勁有力、葉片厚實尖挺，且葉面上白色顆粒排列與疏密度優美的植株為佳。

CARING TIPS　維護照顧要領

1.日照：虎紋鷹爪耐蔭庇性極佳，可栽培於稍陰暗處，避免烈日直射。
2.位置：❶室內能受到燈光漫射的區域即可。如果置於桌面，需與檯 燈保持30公分以上之距離，以免因聚熱灼傷。❷具遮簷且光線柔和的北向陽台或窗台。
3.培養土：疏鬆之砂質土壤為佳，可再混入蛇木屑、真珠石、粗砂等介質，提高排水與透氣性。
4.澆水：虎紋鷹爪草極為耐旱，過多的水分反而容易導致生長不良。每週少量澆水1~2次即可，澆水時應澆灌於土壤上，避免直接淋灑於葉面，否則容易腐爛。
5.溫度：15~25℃陰涼至溫暖氣候為宜，夏季宜置於室內陰涼處。
6.施肥與維護：植株如果為5~10公分的小品盆栽，毋需施肥即可生長良好；如果植株較大，可每2個月施加少許三要素肥。需注意，炎熱夏季為虎紋鷹爪的休眠期，應停止施肥和減少澆水。

適合對象
宇宙無敵
超級大懶人

＊心葉蔓綠絨

心葉蔓綠絨葉語：愛情

INTRODUTION　特徵與傳說

蔓綠絨類的植物都極為耐蔭，尤其心葉蔓綠絨葉形為圓潤的心型，特別討喜，加上栽培容易，是極受歡迎的室內植物。其葉片翠綠油亮，蔓性莖具攀緣和匍匐性，且莖節處易長出氣根，可攀爬於蛇木或支架生長，還可做為小盆栽任枝葉垂懸；夏日剪取一段枝葉插於水缽擺於桌前，立即能感受到無限清涼快意。

特性：**喜溫暖、多濕氣候。**
觀賞期：**全年常綠。**
用途：**盆栽、吊盆、水栽或栽培於蛇木柱均可。**

超好種 key point

光線：**微弱～明亮光均可。**
水分：**每2日澆水1次，冬季每週1次即可，水缽栽培更方便。**
施肥：**不需施肥。**

HOW TO CHOOSE　如何選購健康植株

葉片的心形輪廓圓潤、明顯，且葉色翠綠光澤之植株即可。

CARING TIPS　維護照顧要領

1.**日照：**心葉蔓綠絨對光線的適應力強，明亮或蔭庇的環境均可生長良好。
2.**位置：**❶室內能受到日光或燈光漫射之區域均可。❷光線溫和、微弱的陽台或窗台。
3.**培養土：**透氣性良好砂質壤土、腐植土均可，也可僅以蛇木柱或水缽栽培。
4.**澆水：**土栽者每2日澆水一次，冬季宜減少供水，每週1~2次即可。
5.**溫度：**20~30℃溫暖至高溫氣候為宜。
6.**施肥與維護：**不施加肥料即可生長良好，如果每2個月施用三要素肥或氮肥補充養分，可使葉片更加厚實翠綠；冬季暫停施肥。

QUESTION & ANSWER　Q&A經驗交流筆記

■心葉蔓綠絨生命力強盛，剪取一段插於盛水瓶中即可做為桌上小裝飾，水栽方式可省去不少日常的澆水、施肥等維護工作。

適合對象
宇宙無敵
超級大懶人

＊粗肋草

粗肋草葉語：生生不息

INTRODUTION 　特徵與傳說

粗肋草類的植物品種繁多，且各個生性強韌、耐蔭性極佳。株高通常在30~60公分左右，叢生的葉柄多為綠色或白色，全株外型粗壯多汁，葉色則因品種不同，有白、淺黃或銀色斑點、線紋等多樣變化，而葉形多為長橢圓、長卵形，表面光滑如蠟質，十分容易清潔整理。

特性：**喜高溫、多濕環境。**
觀賞期：**全年常綠。**
用途：**盆栽。**

超好種 key point

光線：微弱～柔和。
水分：每2日澆水1次，冬季每週1次即可。
施肥：不施肥無妨，或每2個月施肥少許。

HOW TO CHOOSE 　如何選購健康植株

　　粗肋草生性強健，只要挑選莖枝粗壯、葉片茂密、翠綠之植株，通常就不會有大問題。

CARING TIPS 　維護照顧要領

1.**日照**：蔭庇處生長較為良好，切忌烈日直射。
2.**位置**：❶室內可受漫射光線的區域，需注意通風良好。❷具遮簷且陽光柔和的陽台或窗台亦可。
3.**培養土**：粗肋草對土質適應力良好，一般排水佳的砂質土或腐植土均可，亦可將植株栽培於蛇木屑、發泡煉石等介質中，毋需土壤栽培。
4.**澆水**：1~2天澆水1次，常於葉面噴灑水氣提高濕度有利莖葉健康；冬季宜減少給水，每週澆水1~2次即可。
5.**溫度**：20~28℃溫暖氣候為宜，低溫時需將盆栽移至溫暖防風處。
6.**施肥與維護**：春~秋季每2個月施用三要素肥或氮肥，可促使葉色更鮮綠；冬季則暫停施肥。

QUESTION & ANSWER Q&A經驗交流筆記

■粗肋草如果照顧良好，栽培一年後莖葉會明顯變得茂密擁擠，可在涼爽的初春修剪或強制分株、分盆，並更新盆土使其繼續成長。

適合對象
宇宙無敵
超級大懶人

＊斑葉毬蘭

斑葉毬蘭花語：心有靈犀

INTRODUCTION　特徵與傳說

毬蘭並非蘭科植物，細長的蔓莖具氣根且能攀爬支柱或牆面，尖卵形的葉片呈厚肉質狀，斑葉品種的葉色為乳綠色葉面上夾雜白色、淺黃色的斑塊。

開花時像是一把仙女棒似的繖形花序，10~15朵小花聚生於花莖頂端，各朵小花為粉紅色呈五角星形，花瓣厚且具蠟質狀，香氣淡雅芬芳，一年可開花好幾回，尤其是斑葉品種，無論是賞花、觀葉兩相宜。

特性：涼爽至溫暖氣候，耐旱，生長緩慢。
觀賞期：花期夏～秋季，全年可觀葉。
用途：盆栽、吊盆、可附蛇木或支柱生長。

超好種 key point

光線：柔和～明亮光均可。
水分：每週澆水1~2次，冬季2週1次。
施肥：每2個月施肥1次。

HOW TO CHOOSE　如何選購健康植株

　　斑葉毬蘭的蔓莖強韌、葉片厚實，通常6吋盆以上的成熟植株才能於近年內開花，因此選購時可特別詢問店家或挑選已具花苞的植株較能確定花期；如果購買小巧的幼苗盆栽則先做為觀葉欣賞為主。

CARING TIPS　維護照顧要領

1.日照：斑葉毬蘭適合生長在光線柔和的環境，切忌烈日直射，亦不宜過於陰暗，以免開花情況不佳。
2.位置：❶室內靠窗2公尺範圍內，或燈光柔和漫射的區域。❷具遮簷但光線柔和、明亮的陽台、窗台。
3.培養土：肥沃且排水良好的腐植土為宜。
4.澆水：斑葉毬蘭生長緩慢，供水量不宜過多；平均夏季每週澆水約1~2次，冬季2週澆水1次即可。注意澆水時淋灑於土壤，以免葉片潮濕易腐。
5.溫度：15~28℃涼爽至溫暖氣候為宜，夏季需注意環境通風，避免悶熱。
6.施肥與維護：每1~2個月施用少許稀釋液肥或三要素肥。

QUESTION & ANSWER　Q&A經驗交流筆記

■毬蘭類植物不耐修剪，尤其注意花謝後只需清除殘花，不可剪除花莖；保留舊花莖可繼續萌生新花蕾。

適合對象
宇宙無敵
超級大懶人

*巴西鐵樹

巴西鐵樹葉語：勇往直前

INTRODUTION　特徵與傳說

淺白、粗壯的莖幹為巴西鐵樹最鮮明的特
色，長橢圓形葉片並無明顯的葉柄，一簇簇
叢生於莖幹上，葉色濃綠或帶有黃綠色斑
條，葉端呈彎曲下垂狀。
除了以土壤栽培外，只要截取一段莖幹植於
水缽中即可做為室內觀賞盆栽，以土壤栽培
的成熟樹高可達數公尺之高，亦適合栽植於
中庭稍陰暗處。

特性：**喜溫暖環境，生性強健易栽培。**
觀賞期：**全年觀葉。**
用途：**盆栽，水缽栽培。**

超好種 key point

光線：微弱～明亮光均可。
水分：每2日澆水1次，直接以水栽培更方便。
施肥：不施肥無妨。

HOW TO CHOOSE　如何選購健康植株

　　莖幹渾圓、粗壯，且葉叢多、葉色翠綠、亮
麗的植株為佳。

CARING TIPS　維護照顧要領

1.**日照**：光線明亮或稍蔭庇處均可適應良好，夏
　季避免烈日直射。
2.**位置**：❶室內能受陽光或燈光漫射的區域均
　可。❷具遮簷但光線明亮柔和的陽台或窗台。
3.**培養土**：排水良好的砂質壤土為佳。
4.**澆水**：土壤栽培者1~2日澆水1次即可，水養方
　式栽培則只需保持盆器中水位，見蒸散時添加
　自來水補充即可。
5.**溫度**：20~28℃溫暖氣候為宜，冬季低溫時需
　保持溫暖、防風。
6.**施肥與維護**：巴西鐵樹不施肥即可生長良好，
　除非出現生長勢逐漸衰弱的情況，則可每2個月
　補充1次氮肥。

QUESTION & ANSWER　Q&A經驗交流筆記

■水養方式極適合做為室內觀賞，做法是將帶有
葉簇的巴西鐵樹莖幹切下一段，洗淨切口，將
一端浸於盛水之
水盤中，水深維
持在3公分左
右，不久即可見
莖幹上萌發出新
的葉芽。

適合對象
**宇宙無敵
超級大懶人**

*阿波羅千年木

阿波羅千年木葉語：勇於冒險

INTRODUTION 特徵與傳說

阿波羅千年木生性強健且極為耐蔭，是絕佳的室內觀賞植物。莖幹筆直，從基部到莖頂均為厚質葉片緊密繞生，墨綠色葉面具有多道平行葉脈，且葉尖略朝外翻。瞧瞧，外觀看來是不是很像一支雞毛撢子哩！

特性：**喜高溫氣候，耐旱。**
觀賞期：**全年。**
用途：**以盆土栽培，厚質、濃綠的葉片可做為插花材料。**

超好種 key point

光線：微弱～柔和。
水分：每週澆水2次+噴灑水霧。
施肥：每2個月施肥1次。

HOW TO CHOOSE 如何選購健康植株

挑選外型筆直、葉片緊密層疊且葉色濃綠、富光澤之植株。

CARING TIPS 維護照顧要領

1.**日照**：阿波羅千年木耐蔭庇性極強，稍蔭庇處可生長良好，切忌烈日直射。
2.**位置**：❶室內光線較微弱處亦可適應良好，但每隔週應選1~2日移至具遮簷的陽台透透氣、增強活力。❷具遮簷且光線柔和或稍蔭庇的陽台、窗台。
3.**培養土**：排水良好的砂質壤土或肥沃之腐植土。
4.**澆水**：每週澆水1~2次即可。如果長時間置於冷氣房內，可常在葉面噴灑霧水提高濕度，避免葉尖枯焦。
5.**溫度**：20~28℃溫暖氣候為宜。
6.**施肥與維護**：每2個月以稀釋液肥施灑於葉面上，肥效顯著。由於其葉色較為深暗，一旦沈積灰塵會明顯破壞美觀，可用濕海綿或柔軟紙巾沾水清潔。

適合對象
**宇宙無敵
超級大懶人**

＊斑葉鵝掌藤

斑葉鵝掌藤葉語：勤勞努力

INTRODUCTION **特徵與傳說**

斑葉鵝掌藤為鵝掌藤類植物裡的斑葉品種。長橢圓形的葉片呈革質狀且具光澤，6~9個小葉以掌狀放射生長，葉面分佈不規則的乳白或黃色斑塊，植株茂密且十分耐修剪，可適度修剪成不同的造型。而較高大的植株可達3~5公尺高，亦適合應用為引導路線或庭園視線阻隔之用。

特性：**喜高溫、多濕環境，亦耐旱。**
觀賞期：**全年可觀葉，夏季會開白綠色花序，結成的球狀小果實為黃橙色。**
用途：**依植株大小、高矮可分別做為小~中型盆栽；截下葉片亦可做為插花用的葉材。**

超 好 種 k e y p o i n t

光線：明亮為宜。
水分：每2日澆水1次。
施肥：每2個月施肥1次。

HOW TO CHOOSE **如何選購健康植株**

　　斑葉鵝掌藤生性強健，挑選枝葉茂密、葉片光澤無蟲害，且斑塊美麗的植株即不會有大問題。

CARING TIPS **維 護 照 顧 要 領**

1.**日照**：栽培處不宜過於陰暗，柔和明亮的光線最適於生長。
2.**位置**：❶室內觀賞應儘量靠近窗邊接受明亮光線，傍晚即移至戶外透氣、恢復活力。❷具明亮光線的陽台、窗台、庭園。
3.**培養土**：鵝掌藤對土壤適應力佳，排水良好的砂質壤土即可生長良好。
4.**澆水**：每2日澆水1次即可。
5.**溫度**：20~30℃高溫環境為宜，移入室內觀賞時應遠離冷氣口，置於窗邊較溫暖處。
6.**施肥與維護**：每1~2個月施加1次三要素肥或氮肥。常摘除枝頂新芽可促進側枝生長，使外型更茂密、飽滿。

QUESTION & ANSWER **Q&A經驗交流筆記**

■斑葉品種之鵝掌藤不宜栽種在太陰庇的環境，否則葉面上的色斑容易退化不明顯。但如果是全葉片均為綠色的一般鵝掌藤品種則沒有此種顧慮了。

適合對象
宇宙無敵
超級大懶人

＊觀音棕竹

觀音棕竹葉語：充滿希望

INTRODUCTION 特徵與傳説

觀音棕竹為棕櫚科植物之一，株高可達1~3公尺，常做為中、大型盆景或庭園樹來栽種。莖幹自基部叢生分枝，其上自然生長出褐黑色的網狀纖維，緊緊纏繞包覆著枝幹。而一支支細長的葉柄各自伸展出6至10裂的掌狀葉，且葉面上隆起一稜稜平行的縐褶，看似如一面面骨感的蒲扇，遠看又像一隻隻四處伸張的手掌，十分耐人尋味。

特性：**對溫度適應力強。**
觀賞期：**全年常綠。**
用途：**中～大型盆栽。**

超好種 key point

光線：微弱～明亮光均可。
水分：每2日澆水1次+噴灑水霧。
施肥：每月施肥1次。

HOW TO CHOOSE 如何選購健康植株

挑選莖幹基部健壯、枝葉茂盛，且整株外形疏落有致的植株為佳。

CARING TIPS 維護照顧要領

1.**日照**：觀音棕竹於光線明亮或稍蔭庇處均可適應良好。

2.**位置**：❶室內可受日光或燈光漫射之區域。❷具遮篷之陽台，光線明亮或稍陰暗均可。

3.**培養土**：肥沃的腐植土或排水良好的砂質土均可。

4.**澆水**：濕度高的環境對觀音棕竹生長較佳，除每日固定澆水，並可在葉面噴灑水霧。冬季澆水可每週澆水2次即足夠。

5.**溫度**：20~30℃涼爽至高溫環境均可適應。

6.**施肥與維護**：每月施用1次三要素肥或氮肥。葉面髒污時可於澆水時順便沖洗，或以海綿沾水擦拭，以隨時保持葉面光鮮活力。

適合對象
**宇宙無敵
超級大懶人**

*鴨腳木

鴨腳木葉語：內在美

INTRODUTION 特徵與傳説

鴨腳木葉面油亮，新葉黃綠清新，老葉色澤愈濃暗，葉片以數枚一組呈放射狀集生於枝端，狀如張開之爪掌，特徵與鵝掌藤類似，但葉面較大且呈下垂狀。園藝栽培中除了適合做為中、大型盆栽，如果培育良好，更可長成10公尺高的大樹。

特性：**喜溫暖、潮濕氣候，耐旱且耐濕。**
觀賞期：**全年。**
用途：**中～大型盆栽。**

超好種 key point

光線：微弱～明亮光均可。
水分：每2日澆水1次+噴灑水霧。
施肥：每月施肥1次。

HOW TO CHOOSE 如何選購健康植株

鴨腳木生性強健易栽培，挑選莖幹粗壯、枝葉茂盛、葉形完整的植株通常即無大問題。

CARING TIPS 維護照顧要領

1.**日照**：鴨腳木對光線適應力強，明亮處或稍陰暗處均可生長良好。
2.**位置**：❶室內可受到陽光或燈光漫射的區域即可。❷具遮簷的陽台，光線明亮或稍陰暗均可。
3.**培養土**：排水良好的砂質壤土即可。
4.**澆水**：每1~2日澆水1次，可常於葉面噴灑水氣以保濕。
5.**溫度**：22~30℃溫暖氣候為宜，冬季低溫時需移至溫暖、防風處。
6.**施肥與維護**：每月施加1次氮肥，有助莖葉健壯、翠綠。

QUESTION & ANSWER Q&A經驗交流筆記

■在過去打火機尚未普及的時代，鴨腳木材是製造火柴棒的高級材料。

適合對象
有點懶又不會
太懶的人

*非洲堇

非洲堇花語：永恆之美

INTRODUTION　特徵與傳說

小巧玲瓏的非洲堇，高度在10公分左右即可開花，是極為耐蔭的室內袖珍植物，在歐美亦曾風行一時，被譽為「非洲紫蘿蘭」。其莖葉呈肉質多汁狀，葉面為卵形、圓形、心型、皺面等多種面貌，且著生細小的茸毛；細長的花梗從葉叢間高高探出，花形有單瓣、重瓣、平瓣之分，花色則有紫、紫藍、紅、桃紅、白色、條紋、鑲邊或漸層色彩等多種變化，品種豐富多達千餘種。

特性：**喜溫暖、多濕環境。**
觀賞期：**全年均可開花，春~秋季尤盛。**
用途：**盆栽。**

超好種 key point

光線：**微弱～明亮光均可。**
水分：**每日澆水。**
施肥：**每月施肥1次。**

HOW TO CHOOSE　如何選購健康植株

　　挑選莖葉厚實、完整，且莖頂花苞數眾多的植株為佳。選購時可多挑幾種花色的品種，氣氛將更繽紛熱鬧。

CARING TIPS　日常照顧要點

1.**日照**：非洲堇適合溫和而明亮的日照環境，雖稍蔭庇處亦可生長，但過於陰暗容易導致開花情況不良。

2.**位置**：❶室內可受陽光或燈光漫射的區域。❷具遮簷且光線明亮柔和的陽台、窗台。

3.**培養土**：排水性良好的砂質壤土為佳，可混入適量的蛇木屑提高土壤通氣與疏鬆度。

4.**澆水**：每日澆水1次，乾燥環境中亦可常噴灑霧水保持葉面濕度。在盆器底下擺設淺水碟雖能保持土壤濕度，但長期下來容易造成盆底通氣不佳，有害植株根部。

5.**溫度**：15~25℃涼爽至溫暖氣候為宜，切忌悶熱。

6.**施肥與維護**：每月施用三要素或以專用稀釋液肥噴灑葉面，可促進生長。非洲堇在生長1~2年後莖葉會愈來愈茂密，逐漸影響開花品質，因此必須隨時適度的摘除部份莖葉，或添購新株以利觀花品質。

QUESTION & ANSWER　Q&A經驗交流筆記

■栽種非洲堇時，選用的盆器尺寸不宜太大，宜半數葉面懸露於盆器口外為宜，以避免葉片貼覆土壤而容易潮濕腐爛。

適合對象
有點懶又不會
太懶的人

*大岩桐

大岩桐花語：欲望，華美

INTRODUTION　特徵與傳說

大岩桐植株高度雖然只有15~20公分，但花朵碩大而鮮麗，花徑最大可達10公分之寬，顏色有鮮紅、暗紅、紫、白、鑲邊等多色，且分為單瓣與複瓣之別，開花時姹紫嫣紅，彷彿絲絨暈染之華麗效果。葉片翠綠，呈圓形或橢圓形，和莖枝均為多汁的肉質狀；表面則附生細白的茸毛。

特性：**喜高溫、多濕環境。**
觀賞期：**春~夏季為主。**
用途：**盆栽。**

超好種 key point

光線：**柔和為宜。**
水分：**每日澆水1次。**
施肥：**每月施肥1次。**

HOW TO CHOOSE　如何選購健康植株

挑選莖葉鮮翠、厚實，葉叢完整、茂盛，且已具花苞的植株為佳。

CARING TIPS　日常照顧要點

1.**日照**：切忌陽光直射，應栽培於具遮簷、陰涼的環境。
2.**位置**：❶室內靠窗或可受燈光漫射的區域。❷具遮簷且光線柔和的陽台或窗台。
3.**培養土**：肥沃且排水良好的砂質壤土為佳，可混入蛇木和有機肥。
4.**澆水**：每1~2天澆水1次，保持土壤濕潤，但不可積水。
5.**溫度**：22~30℃溫暖環境為佳。
6.**施肥與維護**：每月施加1次三要素肥或觀花植物專用肥料。

QUESTION & ANSWER　Q&A經驗交流筆記

■大岩桐於花季過後，枝葉也會逐漸呈現凋萎枯黃，進入休眠現象。此時可將地下球根埋留盆土內，待明年春天來臨將再發新芽。

適合對象
有點懶又不會
太懶的人

*鳥尾花

鳥尾花花語：慶賀

鳥尾花生性強健，植株高度約30~90公分，莖枝挺直，葉面為長橢圓形，邊緣略呈波浪狀，色澤濃綠且具光澤；花色選擇性並不多，但為其他花卉少見的粉橙色，綻放於莖枝頂端為穗狀花序，且每朵花均具細長之花筒，五枚花瓣中每片邊緣各淺裂為二唇，形態極為特殊。

特性：**喜溫暖、多濕的環境。**
觀賞期：**春~夏季為主。**
用途：**盆栽。**

超好種 key point

光線：微弱～柔和。
水分：每日澆水，冬季每週1次即可。
施肥：每月施肥1次，冬季不施肥。

　　鳥尾花開於莖枝頂端，因此植株分枝愈多，通常開花量亦愈大。於花季期間購買盆栽則可直接挑選花苞數量多的植株。

1.**日照：**鳥尾花適合栽植於稍蔭庇處，切忌陽光直射。
2.**位置：**❶室內可受到陽光或燈光漫射的區域，通風需良好。❷具遮簷且光線柔和的陽台或窗台。
3.**培養土：**砂質壤土即可適應良好。
4.**澆水：**每日澆水1次，冬季可減至每週1~2次。
5.**溫度：**22~30℃溫暖氣候為宜，冬季低溫時需移至溫暖、避風處。
6.**施肥與維護：**春~夏花季時期每月施加1次三要素肥，冬季則暫停施肥。當鳥尾花朵開過後，宜隨手將殘花摘除以保持植株整潔美觀。

■初春時，利用花季未至即尚未結花苞之前，可進行枝葉修剪的工作，以促使新芽萌生，增加開花量。如果栽種2~3年後發現植株老化嚴重，建議廢棄再購買新株。

適合對象
有點懶又不會
太懶的人

*白鶴芋

白鶴芋花語：道德，清純

INTRODUTION　特徵與傳說

孤立挺拔的白鶴芋，洋溢著清雅寧靜的氣質，長而直的花莖自葉叢中高高抽出，莖頂大而潔白的佛焰苞片如貝殼般有著優美的弧面，其中長條狀的肉穗花柱多為黃白色。葉片墨綠而富光澤，呈長橢圓形滾著淺淺的波浪狀邊緣，全株植物如蠟質般的觸感，常予人真假難辨的趣味。雖然一株白鶴芋每次只開一支花，但花期卻可以維持數週之久，也可截下做為插花材。

特性：**喜溫暖、潮濕環境。**
觀賞期：**四季葉片油綠；花期春～夏季為主。**
用途：**盆栽，插花材。**

超好種 key point

光線：**微弱～柔和。**
水分：**每日澆水+噴灑水霧。**
施肥：**每2個月施肥1次。**

HOW TO CHOOSE　如何選購健康植株

葉叢油亮、翠綠、無缺損之植株為佳，如果只想賞花可挑選已結花苞或佛焰苞片微微初綻的植株，可擁有最完整的觀賞花期。

CARING TIPS　維護照顧要領

1.**日照：**白鶴芋適合栽培於光線微弱或柔和的環境，避免烈日直射。
2.**位置：**❶室內可受到陽光或燈光柔和漫射的區域，稍蔭庇無妨。❷具遮簷且光線柔和的陽台或窗台。
3.**培養土：**肥沃的砂質壤土或腐植土均可，排水性需良好。可在培養土中再添入蛇木屑、真珠石等介質使土壤更疏鬆。
4.**澆水：**每日澆水1次，可常噴灑水氣於葉面或盆栽四周，以提高空氣濕度。
5.**溫度：**20~30℃溫暖氣候為宜，冬季低溫時應移至溫暖、避風處。
6.**施肥與維護：**每2個月施加三要素肥1次。

QUESTION & ANSWER　Q&A經驗交流筆記

■在白鶴芋結生苞片的花期間，如果見葉叢茂密旺盛，可略將葉片修剪減量，使花苞吸收到充足的養分。

適合對象
有點懶又不會
太懶的人

＊毛萼口紅花

毛萼口紅花花語：美麗的容顏

INTRODUCTION　特徵與傳說

毛萼口紅花莖枝細長呈懸垂狀，尖橢圓形的葉片色彩濃綠，質厚且富光澤；花卉每數朵簇生於枝條端部，紅褐色的長筒狀花萼密生著細小的茸毛，從毛萼裡還會伸出豔紅的長條形花苞，模樣像是女性化妝用的口紅般，模樣十分特別，往花口內瞧瞧，可看見一黃色斑塊，每當數朵花簇綻放時，彷彿雛鳥探頭爭食般，值得細細玩味。

特性：喜溫暖、潮濕環境。
觀賞期：春~秋季為花期；全年可觀賞葉姿。
用途：吊盆。

超好種 key point

光線：微弱~柔和。
水分：每日澆水+噴灑水霧，冬季每週1次即可。
施肥：春~秋每2個月施肥1次，冬季不施肥。

HOW TO CHOOSE　如何選購健康植株

　　葉色濃綠、光澤且莖條分枝多較佳，於花季購買時，可注意挑選已結紅褐色毛萼，且花苞數量豐盛的植株。

CARING TIPS　維護照顧要領

1.**日照**：毛萼口紅花耐蔭庇性極佳，可栽培於稍蔭暗的環境無妨，開花時再移至有柔和漫射光之位置即可。
2.**位置**：❶室內可受陽光或燈光柔和漫射之區域，亦可短時間放置於濕度高但通風佳的浴室以美化空間。❷具遮簷且光線柔和的東向或北向陽台、窗台。
3.**培養土**：肥沃且排水良好的腐植壤土為佳，可再混入適量的蛇木屑與粗砂以提高土壤的疏鬆度。
4.**澆水**：每日澆水1次，四周可經常噴灑水霧提高空氣濕度。冬季每週澆水1~2次即可。
5.**溫度**：20~30℃溫暖氣候為宜，冬季低溫時應移至溫暖避風處以防寒害。
6.**施肥與維護**：春~秋季每2個月施加三要素肥1次，冬季可減少施肥量。開花過後宜修剪枝條，以促進分枝生長。

QUESTION & ANSWER　Q&A經驗交流筆記

■想多培育一些「口紅」嗎？在成熟的毛萼口紅花植株上，剪取一段具有3至4節的莖條，插於疏鬆的培養土中，約1個月可生根成苗。記得培養土要保持濕潤，並混入蛇木屑、真珠石、粗砂等介質來增加土壤的疏鬆與排水性。

適合對象
有點懶又不會
太懶的人

✽石菖蒲

石菖蒲葉語：健康長壽

INTRODUTION 特徵與傳說

石菖蒲的幼株約長至10~20公分即可做為觀賞盆栽，葉片細長如劍，所有叢生的葉片自基部呈扁平展開狀，向上散開生長，形態極為特殊。

一般觀賞用途多採斑葉品種，濃綠的葉面上具纖細的白色或乳黃斑條，外型簡約而耐看，種植於古壺或陶缽中更增添雅趣。若長期栽培於光線陰暗的地方，則斑葉特徵會變得不明顯，在植物界中所有斑葉品種的花木均有此特性。

特性：喜溫暖、潮濕環境，且極為耐濕。
觀賞期：全年觀葉。
用途：盆栽、栽種於水邊濕地，或似水草般植於水族箱內做裝飾。

超好種 key point

光線：微弱～明亮光均可。
水分：每日澆水。
施肥：每2個月施肥1次。

HOW TO CHOOSE 如何選購健康植株

葉色濃綠、叢高10公分以上，且基部展開狀態愈平順、美觀者愈佳。

CARING TIPS 維護照顧要領

1.日照：光線明亮或稍蔭庇處均可生長良好，切忌烈日直射。
2.位置：❶室內可受到陽光或燈光漫射之區域。❷具遮簷但光線明亮的陽台、窗台。
3.培養土：肥沃且排水良好的砂質土或腐植土均可。盆器底部排水孔處宜放置碎瓦片或蛭石，有助通風與排水順暢。
4.澆水：需水量高，每日多澆水無妨，亦可連盆帶土浸泡於水缽中。
5.溫度：20~28℃溫暖氣候為宜，夏季炎熱時需注意通風和避免強光直射；冬季低溫則需移置溫暖處以避寒。
6.施肥與維護：每2個月施加氮肥1次，可使葉片更鮮翠。

QUESTION & ANSWER Q&A經驗交流筆記

■民間藥用研究：石菖蒲的地下莖具有特殊香氣，可做為驅蟲、健胃、鎮痛等用途；而富含精油成份的莖葉汁液，則可提煉為沐浴泡澡的素材。

適合對象
有點懶又不會
太懶的人

*黃邊百合竹

黃邊百合竹葉語：才華洋溢

INTRODUTION 特徵與傳說

黃邊百合竹葉片狹長，葉緣具鮮艷的黃色線
帶，仔細觀察在葉中央的綠色葉面中亦具有
黃色的細絲，風格清新卻也亮麗。由於莖幹
質地較軟，生長高度較高時容易產生傾斜彎
曲的狀況，栽種時將幼矮的植株數棵一起群
植效果最佳。

特性：**喜高溫環境，耐旱亦耐濕。**
觀賞期：**全年。**
用途：**盆栽、水栽、插花用的葉材。**

超好種 key point

光線：**柔和～明亮均可。**
水分：**每2日澆水1次+噴灑水霧。**
施肥：**每2個月施肥1次。**

HOW TO CHOOSE 如何選購健康植株

　　挑選莖枝低矮且葉片茂盛、葉面黃色鮮麗的
植株為佳。

CARING TIPS 維護照顧要領

1.**日照**：明亮柔和的光線為宜，切忌長時間烈日
　直射。
2.**位置**：❶室內近窗邊2公尺範圍內，或室內燈光
　明亮處。❷具遮簷但光線明亮的陽台或窗台。
3.**培養土**：排水良好的培養土即可。
4.**澆水**：百合竹生性耐旱，但濕度高的環境可使
　生長情況更良好，因此平均宜2日澆水1次，亦
　可常在葉面噴灑霧水，提高濕度可使葉片更鮮
　麗健康。
5.**溫度**：溫度20~30℃溫暖氣候為宜，冬季嚴寒
　時需移至溫暖防風處，以避免葉尖乾枯。
6.**施肥與維護**：每2個月施加1次三要素肥，或氮
　肥比例較高之肥料，可維持葉色美觀。

適合對象
有點懶又不會
太懶的人

*西洋文竹

西洋文竹葉語：幸福的祈禱

INTRODUCTION　特徵與傳說

西洋文竹為著名的新娘捧花裝飾葉材，莖枝纖細具匍匐性，小葉呈細毛狀，和莖枝同為鮮綠色。輕巧的外型充滿飄逸細緻的感覺，如果任其自然生長，長度最長可達數公尺。矮性品種的莖葉較低矮且密茂，適合做為桌上或窗邊觀賞的袖珍小品。

特性：**喜溫暖環境。**
觀賞期：**全年觀葉，春天會開小白花。**
用途：**盆栽、吊盆、插花材料。**

超好種 key point

光線：微弱～明亮光均可。
水分：每2日澆水1次，冬季每週1~2次即可。
施肥：每2月施肥1次。

HOW TO CHOOSE　如何選購健康植株

整株形態輕柔飄逸、莖葉量豐盛且葉色嫩綠的植株為佳。

CARING TIPS　維護照顧要領

1. **日照**：西洋文竹對光線適應力頗佳，明亮或稍蔭庇處均可生長良好；夏季炎熱切忌陽光直射。
2. **位置**：❶室內可受陽光或燈光漫射的區域均可，通風需良好。❷具遮簷且陽光柔和、明亮的陽台、窗台。
3. **培養土**：疏鬆且排水性佳的砂質壤土或腐植土均可，盆底排水孔可放置碎瓦片以利通風透氣。
4. **澆水**：1~2天澆水1次，務必排水順暢；冬季宜減少給水，約每週1~2次即可。
5. **溫度**：生長適溫約20~28℃溫暖氣候。
6. **施肥與維護**：每1~2個月施加三要素肥或氮肥，可維持葉色鮮亮。

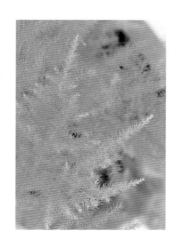

適合對象
有點懶又不會
太懶的人

*狐尾武竹

狐尾武竹葉語：頑皮矯捷

INTRODUTION 特徵與傳説

叢生狀的狐尾武竹，猶如一條條狐狸尾巴所組成，半木質化的莖幹兼具草本植物與木本植物特徵，每串狐尾最長可長達1公尺。繁多的分枝上密佈線形針狀葉，顏色鮮綠富光澤，毛茸茸的動物尾巴模樣是觀賞時最大的意趣。

特性：**喜溫暖環境。**
觀賞期：**全年觀葉，夏天會開白色或淡紅色小花與結漿果。**
用途：**盆栽、插花用的葉材。**

超好種 key point

光線：**柔和～明亮均可。**
水分：**每週澆水1~2次。**
施肥：**每2個月施肥1次。**

HOW TO CHOOSE 如何選購健康植株

成串的枝條挺直有力、小葉豐茂勻稱的植株為佳。

CARING TIPS 維護照顧要領

1.**日照**：狐尾武竹在柔和而明亮的環境生長最佳，但夏季炎熱時切忌陽光直射。

2.**位置**：❶室內距窗邊2公尺範圍內，光線明亮柔和的區域。❷具遮簷且陽光明亮的陽台或窗台。

3.**培養土**：疏鬆、通氣且排水性佳的砂質壤土或腐植土均可。

4.**澆水**：2~3日澆水1次即可，務必排水順暢；冬季宜減少給水，每週1次即可。

5.**適合溫度**：生長適溫約20~28℃溫暖氣候。

6.**施肥與維護**：每1~2個月施用三要素肥或氮肥，可使葉色更鮮綠。

適合對象
有點懶又不會
太懶的人

*袖珍椰子

袖珍椰子葉語：快活自在

袖珍椰子為耐蔭庇性極佳的迷你棕櫚植物，其莖幹叢生，羽狀葉的各單葉片均為質地輕薄的長橢圓形，且色澤翠綠，全株顯得生氣盎然。

幼株高度約20~30公分，可做為桌上擺飾；較高品種可達1~2公尺，適合做為中型盆栽，擺飾於室內走道或入口門廳。

特性：**喜溫暖、潮濕氣候。**
觀賞期：**全年常綠。**
用途：**盆栽。**

超好種 key point

光線：**微弱～明亮光均可。**
水分：**每日澆水+噴灑水霧。**
施肥：**每月施肥1次。**

挑選莖幹粗健、葉片翠綠、葉型完整且全株姿態優雅的植株為佳。

1.**日照**：光線明亮但需柔和為宜，切忌烈日直射。
2.**位置**：❶ 室內靠窗邊，或能受陽光、燈光漫射的明亮區域。每隔1~2週需移至戶外透透氣，可恢復枝葉的活力。❷ 具遮簷但光線柔和、明亮的陽台或窗台。
3.**培養土**：肥沃且排水良好的砂質壤土為佳。
4.**澆水**：每日澆水1次，並常於葉面噴灑水霧增加濕度。
5.**溫度**：22~30℃溫暖氣候為宜，冬季低溫時需移至溫暖防風處，以避免葉尖乾枯變黃。
5.**施肥維護**：每月施用1次三要素肥。見枯葉立即修剪，葉面灰塵可噴水或以濕海綿來輕拭。

適合對象
有點懶又不會
太懶的人

＊彩虹竹蕉

彩虹竹蕉葉語：浪漫喜悅

INTRODUTION　特徵與傳說

彩虹竹蕉的莖幹如一根挺直的圓柱棒，細長而茂盛的葉片叢生於莖幹頂端，葉面雜含著紅、綠、黃等多種色彩，爽逸的葉姿洋溢輕鬆的氣氛，遠看像是一座色彩繽紛的噴泉。無論是單株栽植或多盆錯落，均可創造出喜悅、別緻的視覺美。

特性：喜高溫氣候，耐旱亦耐濕。
觀賞期：全年。
用途：盆栽，亦可取一段莖葉置於淺水容器中水栽，鮮麗的葉片可做為插花的葉材。

超好種 key point

光線：柔和～明亮均可。
水分：每2日澆水1次。
施肥：每2個月施肥1次。

HOW TO CHOOSE　如何選購健康植株

　　莖幹渾圓且挺直、葉叢茂密、顏色鮮麗的植株為佳。

CARING TIPS　維護照顧要領

1.**日照**：明亮柔和的光線為佳，稍蔭庇處亦可，而環境如果過於陰暗易使葉色變差。

2.**位置**：❶室內靠窗2公尺範圍內明亮的區域。❷全天日光明亮的陽台或窗台。
3.**培養土**：竹蕉對土質適應力強，一般排水良好之砂質培養土即可。
4.**澆水**：每1～2日固定澆水。
5.**溫度**：20～30℃溫暖至高溫氣候為宜，冬季低溫時需移往溫暖、防風處，以避免葉尖產生枯黃現象。
6.**施肥與維護**：每2個月施用1次三要素肥。如果發現葉色或生長情況變差，需移至戶外環境接受陽光滋養，待植株恢復活力再移入室內。

適合對象
有點懶又不會
太懶的人

*彩虹竹芋

彩虹竹芋葉語：誘惑

INTRODUTION　特徵與傳說

彩虹竹芋有著如圖畫般美麗的大葉片，一葉葉寬廣、橢圓形的葉面，滿佈規則且繽紛的綠、黃、褐等斑塊，邊緣處多有一淺綠色帶圍繞，使得葉面更加鮮明搶眼。而葉緣微呈波浪狀起伏，葉背為濃豔的紫紅色，絲毫不遜於正面的葉色，是值得全方位觀賞的植物。

特性：**喜高溫、多濕氣候。**
觀賞期：**全年觀葉。**
用途：**盆栽、花圃。**

超好種 key point

光線：**微弱～柔和。**
水分：**每日澆水+噴灑水霧。**
施肥：**每2個月施肥1次。**

HOW TO CHOOSE　如何選購健康植株

　　葉叢茂盛、葉面大而無缺損、圖案美妙且色澤鮮豔、對比性強的植株最佳。

CARING TIPS　維護照顧要領

1.**日照**：彩虹竹芋耐蔭庇性極佳，即使光線微弱的陰暗處也可生長。
2.**位置**：❶室內能受到日光或燈光漫射之區域均可。❷光線柔和或蔭庇的陽台、窗台。
3.**培養土**：透氣、排水性良好的砂質壤土或腐植土均可。
4.**澆水**：每日固定澆水，並噴霧水提高四周空氣濕度，有助於保持葉面活力。
5.**溫度**：22~30℃溫暖至高溫氣候為宜，冬季將盆栽移至溫暖避風處。
6.**施肥與維護**：每1~2個月施用三要素肥，冬季可停止施肥。

適合對象
有點懶又不會
太懶的人

＊觀葉秋海棠

觀葉秋海棠葉語：豐富

觀葉秋海棠葉面極大，且具有微縐或顆粒狀觸感。常見葉形有心形、卵形、盾形、邊緣裂齒等形狀，葉色則由綠、紅、紫、褐、灰等色系的線條、斑塊、星點等圖案構成，變化豐富。如果數種色系一起搭配栽種，更能增添豪華繽紛的視覺效果。

特性：**喜溫暖、潮濕環境，耐蔭性強。**
觀賞期：**全年觀葉。**
用途：**盆栽、吊盆。**

超 好 種 key point

光線：**微弱～柔和。**
水分：**每2日澆水1次。**
施肥：**每2個月施肥1次。**

HOW TO CHOOSE　**如何選購健康植株**

　　由於觀葉秋海棠品種繁多，以自己喜歡的葉色和葉形為主要考量，亦可將多種色彩的植株一起搭配栽種。挑選時注意觀察莖枝直挺有力、葉面完整無缺、無褐斑的植株為佳。

CARING TIPS　**維 護 照 顧 要 領**

1.**日照**：觀葉秋海棠宜栽培於光線溫和明亮的地方，稍蔭庇蔭處亦可生長良好；夏季炎熱時需避免烈日直射。

2.**位置**：❶室內靠窗2公尺範圍內，光線柔和且通風的區域。❷具遮簷且陽光柔和的北向陽台或窗台。

3.**培養土**：肥沃且排水良好的砂質土或腐植土均可，於盆底排水孔處放置碎瓦片或蛭石可幫助通氣和排水順暢。

4.**澆水**：1～2日澆水1次即可，務必排水順暢，不可積水。

5.**溫度**：20~28℃溫暖氣候為宜，冬季低溫時需移至溫暖處以避寒防風。

6.**施肥與維護**：每2個月施三要素肥或氮肥，可使葉色更鮮麗美觀。

適合對象
其實很勤奮的
小小懶人

*新幾內亞鳳仙

新幾內亞鳳仙花語：防衛，保持距離

INTRODUTION　特徵與傳說

新幾內亞鳳仙的花型扁平，且瓣緣呈淺裂狀，每朵花卉下具有一特殊的「花尾線」，多情的詩人常將她比擬成鳳凰于飛，故得「鳳仙花」之美名。常見的花色有白、紅、紫、橙、粉紅等色系；其葉片尖長、濃綠，有些品種的葉色如油亮的金屬革質，有些則葉脈呈鮮紅色或黃色，全株質感細膩。

特性：**喜溫暖環境，忌高溫多濕。**
觀賞期：**春～秋季。**
用途：**盆栽、吊盆。**

超好種 key point

光線：**柔和為宜。**
水分：**每2日澆水1次。**
施肥：**每月施肥1次。**

HOW TO CHOOSE　如何選購健康植株

　　新幾內亞鳳仙花色繽紛，依品種不同葉面也有不同的可觀性；購買時可先決定喜歡的品種和花色，並挑選枝葉茂密、分枝多且花朵數量豐盛的植株。

CARING TIPS　日常照顧要點

1. **日照**：宜栽培於陽光柔和的遮蔭環境。
2. **位置**：❶室內可受陽光或燈光漫射的區域，每隔2~3天需移至陽台透透氣、恢復活力，再行移入室內觀賞。❷具遮簷且光線柔和的陽台、窗台。
3. **培養土**：肥沃且排水良好之砂質壤土尤佳。
4. **澆水**：每1~2天澆水1次；夏季多雨潮濕之梅雨節氣需注意通風，澆水時切忌積水。
5. **溫度**：15~25℃涼爽至溫暖氣候為佳。
6. **施肥與維護**：每月施用三要素肥或開花植物專用肥料。夏季高溫多濕的梅雨季節，需避免強光直射和悶熱，修剪枝葉、改善通風將有助順利渡過夏季。

QUESTION & ANSWER　Q&A經驗交流筆記

■新幾內亞鳳仙雖為多年生草本植物，但生長2~3年後植株會出現明顯老化現象，屆時即可淘汰再添購新株。

適合對象
其實很勤奮的
小小懶人

✳金脈單藥花

金脈單藥花花語：自信，富麗

INTRODUTION 特徵與傳說

金脈單藥的濃綠葉叢中，遠遠看去最引人注目的是一組組炫目的黃色葉脈，予人特殊的驚奇與華麗感。在寬大長卵形的葉面上，分佈的主脈與側脈均粗大明顯，顏色多為黃或白色，對比效果顯著；夏至初秋，莖枝頂端還會孕育出形狀奇特的穗狀花序，層層相疊的金黃色苞片，如黃金打造的一樽樽小塔，亦極具觀賞價值。

特性：**喜高溫多濕，不耐寒亦不耐旱。**
觀賞期：**全年觀葉，花期為夏～秋季。**
用途：**盆栽。**

超 好 種 key point

光線：**微弱～柔和。**
水分：**每日澆水+噴灑水霧，冬季每週1~2次即可。**
施肥：**每月施肥1次。**

HOW TO CHOOSE 如何選購健康植株

挑選莖幹挺直、粗壯，葉色濃綠，且黃色葉脈鮮豔顯著的植株。

CARING TIPS 日 常 照 顧 要 點

1.日照：金脈單藥花於稍蔭庇處生長較佳，切忌烈日直射。
2.位置：❶室內靠窗附近，可受到柔和陽光的區域。❷具遮簷且光線柔和的陽台或窗台。
3.培養土：肥沃的腐植土或排水良好的砂質壤土為佳。
4.澆水：金脈單藥花喜歡濕度較高的環境，除了每日固定澆水，還可在葉面或盆栽四周噴灑水霧，增加空氣濕度有利葉面健康。
冬季則每週澆水1~2次即可，寒流低溫時須注意移至溫暖、防風處。
5.溫度：22~28℃溫暖氣候為宜，冬季低溫時需移至溫暖、防風處。
6.施肥與維護：每月施用1次三要素肥，或將稀釋液肥施灑於葉面上。

QUESTION & ANSWER Q&A經驗交流筆記

■金脈單藥花的植株在栽培2~3年後會逐漸呈現老化現象，此時可大量剪除1/2以上的莖葉促使萌發新芽，或是直接廢棄再購買新植株。

適合對象
其實很勤奮的
小小懶人

*鐵線蕨

鐵線蕨葉語：高興喜悅

INTRODUCTION　特徵與傳說

鐵線蕨葉色為清爽的淺綠，質地輕薄如紙，形狀則呈特殊楔形，邊緣捲曲如波浪，滿枝小葉如一面面翡翠小扇，又彷彿漫游水中的魚鰭，整體洋溢著飄逸脫俗的美感，很受女性朋友喜愛。全株莖枝與葉柄均為墨黑色，纖細卻極具韌性，因此被喻為「鐵線」蕨。

特性：**喜陰涼、潮濕的環境。**
觀賞期：**全年觀葉。**
用途：**盆栽、吊盆。**

超好種 key point

光線：微弱～柔和。
水分：每日澆水+噴灑水霧，冬季每週1~2次即可。
施肥：每月施肥1次，冬季不施肥。

HOW TO CHOOSE　如何選購健康植株

莖枝分枝多、葉片青翠、疏密度適中，葉色不宜過黃或有褐色斑點。

CARING TIPS　維護照顧要領

1.**日照**：宜栽培於光線柔和的遮蔭處，切忌烈日直射。
2.**位置**：❶室內可受到柔和陽光或燈光漫射的區域，需注意通風良好，且不宜放置於冷氣房。❷具遮簷且陽光柔和的北向陽台或窗台。
3.**培養土**：肥沃的砂質土或腐植土均可，再混入蛇木屑可提高疏鬆度與透水性。
4.**澆水**：鐵線蕨需要高濕度環境，除每日固定澆水，可常噴灑水氣保持葉面濕度，或在盆底置一淺水盤，提供充足的濕度可避免葉片枯黃。冬季供水則減少，每週1~2次即可。
5.**溫度**：生長適溫約20~30℃溫暖氣候。冬季低溫時，需移置溫暖處以避寒、防風。
6.**施肥與維護**：每月施加氮肥，可使葉色健康有活力；冬季則暫停施肥。

QUESTION & ANSWER　Q&A經驗交流筆記

■成熟鐵線蕨的葉片背面邊緣會結生出褐色孢子，乍看葉子像是鑲了邊的小扇子。一般人難以透過孢子自行繁殖新苗，通常需要專業技術與控制才能成功。
連枝帶葉剪下一段鐵線蕨，夾於書籍紙張間，乾燥後即可襯紙、包入塑膠膜護背，製成美麗的書籤。

適合對象
其實很勤奮的
小小懶人

*銀脈鳳尾蕨

銀脈鳳尾蕨葉語：美麗

銀脈鳳尾蕨的葉片輕薄如蟬翼，葉形由兩種羽狀複葉所構成：一為葉形較寬大的長橢圓形葉片，葉面上密佈銀灰色的線紋葉脈；另一組為狹長的羽片葉，葉背微捲。全株呈灰綠色調，色彩與形態均浪漫雅緻，極富古典氣息與柔美婉約的特質。

特性：喜溫暖多濕的環境。
觀賞期：全年觀葉。
用途：盆栽栽培。

超 好 種 key point

光線：微弱～柔和。
水分：每日澆水。
施肥：每月施肥1次。

HOW TO CHOOSE　　如何選購健康植株

　　銀脈鳳尾蕨挑選重點在於葉形輪廓優美，葉面上銀灰色葉脈宜細膩、清晰。

CARING TIPS　　維 護 照 顧 要 領

1.日照：半日照或稍蔭庇處均可生長良好，避免烈日直射。
2.位置：❶室內可受到日光或燈光漫射的區域。❷具遮簷且陽光柔和的北向或東向陽台、窗台。
3.培養土：疏鬆透氣的砂質土壤或腐質土均可，混入蛇木屑、真珠石更能提升排水性。
4.澆水：銀脈鳳尾蕨喜潮濕環境，每日需固定澆水，並可常於盆栽四周噴灑霧水，提高空氣中的濕度以保持葉片活力。
5.溫度：15~25℃涼爽至溫暖氣候為宜，冬季低溫時需移至溫暖、防風處。
6.施肥維護：每1個月施肥加1次氮肥可保葉色美觀。

適合對象
其實很勤奮的
小小懶人

*細葉卷柏

細葉卷柏葉語：細膩

INTRODUTION　　特徵與傳説

細葉卷柏柔嫩的鮮綠色充滿春天的氣息，密集叢生的葉片細小如鱗，質感捲曲、細緻，其莖枝纖細具匍匐性，生長時幾乎貼著土壤表面蔓生開來，植株低矮，僅3~5公分左右，大面積種時如一片油綠的地毯，在庭園設計上亦為高級的地被植物。

仔細瞧瞧，在成熟的莖枝頂端可看見稜形的小孢子囊，這是蕨類植物繁衍後代的重要性癥。

特性：**喜陰涼至溫暖氣候，耐潮濕。**
觀賞期：**全年觀葉。**
用途：**盆栽、花圃蔭庇處地被植物。**

超好種 key point

光線：微弱。
水分：每日澆水+四周噴灑水霧。
施肥：每月施肥1次。

HOW TO CHOOSE　　如何選購健康植株

整盆植株看來宜茂密、勻稱、無空洞處，葉色鮮綠明亮，且捲曲感細緻為佳。

CARING TIPS　　維護照顧要領

1. **日照**：宜栽培於蔭庇處，避免烈日直射。
2. **位置**：❶室內可受漫射光線之區域。❷具遮簷且光線柔和或稍蔭庇的北向陽台、窗台。
3. **培養土**：肥沃的砂質土或腐植土均可，再混入蛇木屑可提高土壤通氣、透水性。
4. **澆水**：細葉卷柏需要高濕度環境，除了每日固定澆水，可常以噴霧器噴灑水氣保持葉面濕度。
5. **溫度**：15~25℃陰涼至溫暖氣侯為宜，夏季炎熱時，需移置陰涼通風處。
6. **施肥與維護**：每月施加氮肥1次，或以專用之稀釋液肥直接噴灑於葉面上，吸收更為快速。

適合對象
其實很勤奮的
小小懶人

*翠雲草

翠雲草葉語：與眾不同

INTRODUTION 特徵與傳說

植物界中葉色呈藍色的植物極為稀有，翠雲草即為得天獨厚具有藍綠色澤的植物，尤其栽種的環境愈蔭庇，葉片就愈加透出青藍色的效果。其主莖很纖細，呈褐黃色，分生的側枝著生細緻如鱗片的小葉，由於莖枝具匍匐性，作吊盆亦能展現其柔軟懸垂的美感。

特性：**喜溫暖環境，耐潮濕。**
觀賞期：**全年觀葉。**
用途：**盆栽、吊盆，或栽種於水景邊濕地。**

超好種 key point

光線：微弱為宜。
水分：每日澆水+四周噴灑水霧。
施肥：每月施肥1次。

HOW TO CHOOSE 如何選購健康植株

「藍」為翠雲草之最大特色，選擇葉色「藍」得明顯且細葉茂密的植株為佳。

CARING TIPS 維護照顧要領

1.**日照**：適合栽培於蔭庇、陰涼的地方，避免烈日直射。

2.**位置**：❶室內可受漫射光線的區域即可，需注意通風良好。❷陽光柔和或稍陰暗的陽台、窗台亦可。

3.**培養土**：肥沃的砂質土或腐植土均可，土中混入蛇木屑可提高土壤透水性。

4.**澆水**：每日固定澆水，常以噴霧器噴灑水氣保持葉面濕度，有助生長更旺盛。

5.**溫度**：生長適溫約18~25℃陰涼至溫暖氣候，夏季炎熱時尤其需移置陰涼蔭庇處。

6.**施肥與維護**：每月施用氮肥1次，可使葉色更為鮮麗。

QUESTION & ANSWER Q&A經驗交流筆記

■翠雲草之莖節處容易長出細根，將莖枝剪取數段置於淺水盤中，可培育出新幼苗。

適合對象
其實很勤奮的
小小懶人

*綠之鈴

綠之鈴葉語：傾慕

INTRODUTION　特徵與傳説

綠之鈴為浪漫可愛的吊盆植物，細長懸垂的綠莖上著生一顆顆飽滿圓潤的珠狀葉球，因品種不同有整顆渾圓，也有的一端尖翹型。如果成排栽種高高掛起，任莖條與葉球自由懸垂如一幕翠綠珠簾，極富雅趣與詩意；也可將莖條修剪呈短促狀做成碧珠滿杯的小盆栽，擺在桌前便是一道華麗又爽目的裝飾。

特性：**喜高溫、多濕氣候。**
觀賞期：**全年常綠。**
用途：**盆栽，吊盆。**

超好種 key point

光線：**柔和明亮為宜。**
水分：**每2日澆水1次。**
施肥：**每2個月施用肥料1次。**

HOW TO CHOOSE　如何選購健康植株

挑選枝條上葉珠肥潤、翠綠且生長排列疏落有致的植株為佳。

CARING TIPS　維護照顧要領

1.**日照：** 明亮但具有遮蔭的環境，避免烈日直射。
2.**位置：** ❶室內靠窗2公尺範圍內，能受到明亮日光滋養的區域。❷具遮簷但光線明亮的陽台或窗台。
3.**培養土：** 排水良好之砂質壤土為佳，可再混入蛇木屑、真珠石等介質，增加土壤排水性。
4.**澆水：** 每2天澆水1次，切忌盆土積水，否則容易腐爛。
5.**溫度：** 15~25℃涼爽至溫暖氣候為宜，夏季炎熱期間應將盆栽移至陰涼通風處。
6.**施肥維護：** 每1~2個月施用1次三要素肥可使葉珠飽滿圓潤，綠之鈴於夏季會綻放出長莖的小花，花謝後，即可修除枯萎的殘花和花莖。

QUESTION & ANSWER　Q&A經驗交流筆記

■摘取帶有3~5顆葉珠之莖條數段，舖放於含有蛇木屑的水盤上，或直接插在濕潤土壤，維持濕潤狀態約2週，可生成新幼苗。

適合對象
其實很勤奮的
小小懶人

*虎耳草

虎耳草葉語：真心的聆聽

INTRODUTION　特徵與傳說

虎耳草的莖枝與葉面均著生茸茸的細毛，圓形毛茸茸的葉片因狀似老虎或貓科動物的耳朵而得其名。葉面上灰白色的葉脈極為明顯，葉緣淺淺的鋸齒凹痕則使得虎耳草更加細緻耐看。

成熟的植株在葉腋下會生長出奇特的細長「走莖」，走莖末端自然發育出另一株葉叢簇生的小虎耳草苗，只要剪斷走莖將小苗植於培養土中，即可培育成另一株虎耳草盆栽。

特性：喜陰涼、濕氣重的環境。
觀賞期：全年觀葉。
用途：盆栽、吊盆、庭園蔭庇處地被植物。

超好種 key point

光線：微弱〜明亮光均可。
水分：每日澆水＋四周噴灑水霧。
施肥：每月施肥1次。

HOW TO CHOOSE　如何選購健康植株

選擇自己喜愛的「大耳朵」或「小耳朵」之植株，且注意觀察葉面上無褐色斑點、無缺損、葉脈清晰者為佳。

CARING TIPS　維護照顧要領

1.日照：光線明亮或稍蔭庇之環境均可生長良好，避免烈日直射。
2.位置：❶室內可受到漫射光線之區域即可。❷具遮簷且陽光柔和的陽台、窗台。
3.培養土：肥沃、疏鬆的砂質土或腐植土均可，混入蛇木屑、真珠石等介質提高土壤的疏鬆度與透水性。
4.澆水：虎耳草需高濕度環境，除每日固定澆水，可常以噴霧器在盆栽附近噴灑水氣以提高環境的空氣濕度，有助於生長旺盛。
5.溫度：15~28℃陰涼至溫暖氣候為宜，夏季炎熱時，需移置陰涼處避暑。
6.施肥與維護：每月施用1次三要素肥。

QUESTION & ANSWER　Q&A經驗交流筆記

■在植物藥用療法中，虎耳草的莖葉汁液經萃取處理後，具有治療耳疾的功效。

適合對象
其實很勤奮的
小小懶人

*西瓜皮椒草

西瓜皮椒草葉語：赤子心

INTRODUTION　特徵與傳說

西瓜皮椒草赤紅渾圓的葉柄簇集叢生，莖頂著生厚實而光滑的卵圓形葉片，濃綠與灰白色相間的條紋狀似「平板型西瓜」，夏天在茶几或窗前擺上一盆，很有生津消暑的效果，可愛的模樣也常讓人不禁會心一笑。

特性：**喜溫暖、潮濕環境。**
觀賞期：**全年觀葉；夏天會開淡紅色小花與結漿果。**
用途：**盆栽、吊盆。**

超好種 key point

光線：**微弱～明亮光均可。**
水分：**每日澆水+噴灑水霧。**
施肥：**每月施肥1次。**

HOW TO CHOOSE　如何選購健康植株

挑選自己喜歡的大葉片植株或小葉片較多的植株，觀察葉面上濃綠與灰白線條需分明、勻稱，也就是看起來愈像「西瓜」愈佳。

CARING TIPS　維護照顧要領

1. **日照**：西瓜皮椒草極為耐蔭，光線溫和明亮或蔭庇處均可生長良好，切忌強光直射。
2. **位置**：❶室內可受漫射光線之區域，需通風良好。❷具遮簷且陽光柔和的北向陽台、窗台。
3. **培養土**：腐植壤土為佳，可再混入蛇木屑、真珠石增加土質疏鬆、透氣，則生長可更順利。
4. **澆水**：每日澆水1次；夏季悶熱時在盆栽周圍噴灑水氣，提高空氣濕度有利莖葉生長健康。
5. **溫度**：20~28℃溫暖氣候為宜，冬季低溫時需將盆栽移置溫暖處以避寒、防風。
6. **施肥與維護**：每1~2個月施用三要素肥或氮肥，可使葉色更像小西瓜般鮮翠可愛。

適合對象
其實很勤奮的
小小懶人

*皺葉椒草

皺葉椒草葉語：用心良苦

INTRODUTION 特徵與傳說

皺葉椒草為廣大椒草類植物中極似「沙皮狗」的一員，最大特色就是在肥厚多肉的葉面上，佈滿著深刻明顯的綢褶。葉形有心型、卵形或橢圓形等多種樣貌，葉色十分豐富，除黃、白、綠等混合色斑的品種，也有顏色較單純的綠皺椒草，或銅紅色的紅皺椒草。

特性：**喜溫暖、潮濕環境。**
觀賞期：**全年常綠，夏~秋季植株會竄出細長白色的肉穗花序，如高舉燭火的趣味景象。**
用途：**盆栽、吊盆。**

超好種 key point

光線：微弱～明亮光均可。
水分：每日澆水+噴灑水霧。
施肥：每2個月施肥1次。

HOW TO CHOOSE 如何選購健康植株

皺葉椒草有許多不同葉型、葉色，先選擇喜歡之品種，再挑選葉面皺紋深刻、葉片厚實、莖葉茂盛的植株即可。

CARING TIPS 維護照顧要領

1.日照：皺葉椒草耐蔭庇性極佳，栽培於明亮處或稍蔭庇處均可生長良好，切忌強光直射。
2.位置：❶室內可受漫射光線的區域，需注意通風良好。❷具遮簷且陽光柔和的北向陽台或窗台。
3.培養土：腐植壤土為佳，可再混入蛇木屑、真珠石等介質增加土質疏鬆、透氣性，則更有利其生長。
4.澆水：每日澆水1次，並可常於盆栽周圍噴灑水霧增加空氣濕度。
5.溫度：20~28℃溫暖環境為宜；冬季低溫須移至溫暖處以避寒、防風。
6.施肥與維護：每2個月施用三要素肥或氮肥，可促使葉色更美觀。

QUESTION & ANSWER Q&A經驗交流筆記

■皺葉椒草由於表面綢褶多，容易沈積灰塵，平常澆水時宜小心避免泥水噴濺，葉面上乾燥的塵土可用柔軟的細毛刷來清除。

適合對象
其實很勤奮的
小小懶人

*孔雀藺

孔雀藺葉語：自由

特徵與傳說

孔雀藺的葉片細長如絲，自基部叢生簇集地向上生長，然後又自然的往外散開，外型相當恣意瀟灑。細看每支細長的莖葉均呈光滑的圓柱形，色澤十分青翠，且葉頂部著生白褐色花種，當微風吹拂時，整叢植株如人潮穿梭鑽動，因此又稱為「千頭翁」。

特性：**喜溫暖、潮濕氣候。**
觀賞期：**全年觀葉。**
用途：**盆栽、水邊栽植。**

超好種 key point

光線：**柔和～明亮光均可。**
水分：**每日澆水。**
施肥：**每2個月施肥1次。**

HOW TO CHOOSE **如何選購健康植株**

　　挑選叢簇的葉量適中，且整株姿態瀟灑卻不凌亂為宜。

CARING TIPS **維護照顧要領**

1.**日照**：明亮柔和的光線下可生長良好，夏季需將盆栽移至遮簷下避免烈日直射。
2.**位置**：❶室內距門窗2公尺範圍內的明亮區域，或可受到明亮燈光漫射的位置。❷具遮簷但光線明亮的陽台、窗台或水池邊。
3.**培養土**：疏鬆透氣的砂質土壤或腐植土均可。
4.**澆水**：孔雀藺喜歡潮濕，每日需固定澆水，隨時保持土壤濕潤。
5.**溫度**：溫度15~25℃涼爽至溫暖氣候為宜，冬季低溫時需移至溫暖、防風處。
6.**施肥與維護**：每2個月施用1次三要素肥，折斷或傾倒的細葉需隨時扶正或修剪，避免植株凌亂。

適合對象
其實很勤奮的
小小懶人

✱ 莎草

莎草葉語：活潑

INTRODUTION　特徵與傳說

莎草屬於濕地植物，栽種時水分與空氣濕度的充分供給很重要。筆直的莖幹長而孤立，高度約30～90公分不等，斷面特殊，呈三角形狀，莖頂叢生蓬鬆四散的線狀細葉團，每細葉的端頭還會著生黃褐色的花序。多支群植時可營塑高低錯落的韻律，如果搭配水景、岩石造景則更富野趣。

特性：**喜高溫、多濕的氣候。**
觀賞期：**全年觀葉。**
用途：**盆栽、水邊植物、插花材。**

超好種 key point

光線：柔和～明亮光均可。
水分：每日澆水1～2次，或直接連土帶盆
　　　沒入水塘中栽培。
施肥：每2個月施肥1次，秋冬季不施肥。

HOW TO CHOOSE　如何選購健康植株

依據需要和喜好，挑選莖枝高度適當、挺直無彎折現象，且莖頂細葉團蓬圓、茂盛的植株為佳。

CARING TIPS　維護照顧要領

1.日照：全天候充足日照或光線柔和處均可。
2.位置：❶室內近門窗2公尺範圍內光線明亮處，或燈光照射明亮的區域。❷光線明亮的陽台、中庭或水池畔。
3.培養土：肥沃的壤土為佳。

4.澆水：莎草喜歡潮濕，每日需充分澆水常保土壤濕潤。亦可採用灌水使盆土上積水、於盆底放置一水盤提供充足的濕氣等方式，或是直接連盆帶土的沒入水池中種植，即先將莎草栽種於含土壤的盆器中，再沒入水池讓水淹至莖幹基部約5公分高度即可。
5.溫度：22～30℃溫暖至高溫氣候為宜，冬季低溫時需移至溫暖、防風處。
6.施肥維護：每1～2個月施用1次三要素肥。

QUESTION & ANSWER　Q&A經驗交流筆記

█莎草如果莖枝生長高度太長時，容易產生傾斜或互相交錯雜亂的狀況，可用綠色細鐵絲或細繩輔以支柱，將所有莖枝靠攏圍束起來，以維持整齊美觀。

Part-4

隨手插花DIY

將花、葉、果等三大類材料交相運用、搭配,可創造出變化萬千的瓶花世界,尤其選擇生性較為強健、耐久的花材,如本單元推薦時下最受歡迎的花材與裝飾葉、果,再加上正確的保鮮維護技巧,必能輕鬆譜成賞心悅目、滿室生香的優雅生活。

花材整理與保鮮要訣

1.插瓶前處理

■購買花材時,較為講究的花店會在花莖末端附上一支含有保鮮液的保鮮管,有了保鮮管,花束在不插瓶水的狀態下約可維持2~3天的養分,送人花禮時可主動向花店要求。如果只是買來自己欣賞,最好回到家馬上整理,並將保鮮管拔除。

■無論是從自家庭園擷取或到花店購回的花材,都要適當的清潔和整理花材;先將花莖沈浸於水中再截斷過長的部份,這樣可以避免空氣裡的氣泡跑進切口處,而阻礙了花莖微管束的通暢,造成日後吸水不良。

■花莖切口可修剪成斜面或十字切口,以增加吸水面積;記得將花莖上的葉量修掉1/2以上,避免養分過度消耗和泡水腐爛。

■修剪整理完畢後,儘速將花束放入盛水的瓶器裡,瓶水水位約1/3瓶高即可。

2.瓶器的選擇

■除了精美的花瓶外,隨手可得的杯子、飲料空瓶、陶器、筆筒等,只要是不會漏水的容器,洗淨後均可做為插花瓶器。

■花材總高度與瓶身的高度一般約為3:2較恰當,只要能讓插花後重心穩定不會傾倒,且不致擋住花朵即可。

■若花莖本身也具有觀賞價值,可選擇透明的瓶器;如果只希望把注意力聚焦在花朵上,或想遮掩凌亂錯落的莖葉,則可選擇不透明瓶器。

■一般來說,瓶器的造型與顏色愈單純,愈能展現植物本身的美感;若因為個人喜好或特殊場合氣氛需要,也可在瓶器上發揮創意,加以改造和裝飾。

3.延命添加劑

■保鮮劑:花苞在綻放過程中需要極大的養分,在瓶水中添加「保鮮劑」可提供不少幫助。保鮮劑含有殺菌成分,可抑制瓶水裡細菌的滋生。添加比例可依隨附的參考說明使用。

■明礬:具有淨化水質的作用,對瓶水中的細菌有抑制效果,在水族店或西藥房可購得。取少量放入瓶水中,完全溶解後再將花材放入。至於坊間流傳醋、啤酒、酒精、漂白水、洗潔精或汽水等是否適合加入瓶水?由於成功率並不穩定,在此暫且不建議嘗試。

■水療復甦術:若因為假期出遊或休假數天無法照料瓶花,回來時發現花材呈現失水狀態,可將花莖修剪掉5公分至1/2,再將全束花沈入盛水的水桶中,使其充分吸水2個小時。另一急救方式是握住花莖的尾部將花束上下顛倒,從花莖底部用噴壺澆水噴灑全株莖葉並順流至花朵部分約半小時,使各處都能吸收到水分。經過如此的急救後,如果花束逐漸恢復良好,即可再插回瓶中觀賞;若遲遲未見起色,表示花材已受損嚴重,得廢棄再購新花了。

4.日常必要的維護

■每天換水,是照顧花材不可簡省的工作,隨時都要保持瓶水乾淨,才能確保開花品質與延長觀賞期。

■當有些花朵葉、果開始出現凋萎,需隨手修剪掉,以維持美觀和衛生。

■每天利用陽光較為柔和的早晨或傍晚時分,將瓶花整個移至窗邊或陽台通風較好的地方透透氣,可以使花材更美麗長壽。

四季插花熱門排行榜

輕鬆愜意 滿天星

別名：霞草

英名：Baby breath

原產地：地中海沿岸

選購季節：全年均可購得。

插瓶壽命：約2~3星期。

花材特性

　　雪白蓬鬆的滿天星花朵極為細小而輕盈，在花藝上常被當作是配角，與玫瑰、桔梗等搭配為愛情的典型花束。其實單純欣賞滿天星也極富特色，將其成束的紮緊做為主花來插瓶，立即能感受到輕鬆又熱鬧的氣氛。自然風乾後還可製成乾燥花，也可將全株染色、壓花，做更多的使用變化。

選購要點

　　挑選花色雪白、花苞無乾燥或黃褐現象，且花梗翠綠、硬挺的植株為佳。

保鮮照顧

1.每1~2天修剪1次花梗末端的長度，保持吸水性。

2.陸續凋黃的殘花隨手剪除以維持美觀。

莊重祈福 唐菖蒲

別名：劍蘭

英名：Gladiolus

原產地：地中海沿岸

選購季節：全年均有，冬~翌年春季尤盛。

插瓶壽命：約1~2星期。

花材特性

　　唐菖蒲花型為長串狀花序，一支花材具有10朵左右的花苞，由下往上陸續綻放，花色選擇性很多，如橙紅、白、黃、紫。由於外型長直，因此又被稱為「劍」蘭，取其辟邪、祈福的意象，常在祭祀時做為禮花，但須注意擺飾時不宜靠高溫的香爐太近，以免破壞開花品質和縮短了觀賞期。

選購要點

　　挑選莖枝挺直、翠綠，葉面無焦黃

或斑塊現象，且成串花序的最下方1～2枚花朵已綻放，上方其他花苞呈現飽滿、微啟待放狀態的花材為佳。

保鮮照顧

1. 唐菖蒲的整串花序中，通常最上方1～2枚不太容易開花，可在插瓶前先摘除，避免養分不必要的消耗。

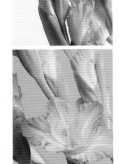

2. 由於唐菖蒲花材長，且重量較重，選擇瓶器高度宜為花材修剪後長度的1/2以上，且瓶器重量亦需穩重。

歡欣喜慶 火鶴花

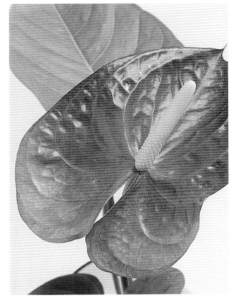

別名：花燭

英名：Antburium

原產地：哥倫比亞

選購季節：全年均有，春～秋季尤盛。

插瓶壽命：約2～3星期。

花材特性

火鶴花為單支單花的形態，最大特色在於豔麗的「佛焰苞片」，而細長突出的穗狀柱，其實才是真正的花。扁平的佛焰苞片可分為心型和不規則型兩大類，色彩繽紛如紅、粉紅、淺綠、白色、雙色混合等，全株質感光滑、蠟質如塑膠製品，插瓶觀賞幾乎可維持近一個月之長，是極為耐久的高級花材。

選購要點

佛焰苞片光澤、豔麗，肉穗花柱外型完整、乾淨無褐斑現象者為佳。夏季為火鶴花盛產期，花材較便宜可趁時多加採用。

保鮮照顧

1. 火鶴花不耐酷熱與低溫，插瓶擺設位置宜避免烈日透射的窗邊或冷氣出風口附近。

2. 大塊面積的佛焰苞片若沈積灰塵時，可以清水輕輕拂拭。

浪漫抒情 香檳玫瑰

別名：月季
英名：Rosa
原產地：亞洲、歐洲
選購季節：全年均有花材供應。
插瓶壽命：約4天~1星期。

花材特性

玫瑰為風靡全世界的愛情之花，品種繁多且色彩繽紛，紅、白、黃、紫、粉色系或雙色等各有不同的風情與花意。雖插瓶所能維持的時間並不長，但絢麗與浪漫的特質仍讓花迷們愛不釋手。近年來相關副產品亦大為流行，如玫瑰花茶、精油、香水和食品，將玫瑰魅力更深入生活實用的層面。

選購要點

挑選時注意花苞需飽滿結實，切忌花苞或花朵出現垂頭彎折的現象，且葉面宜濃綠、乾淨，避免褐斑及嚴重捲曲的現象。若為求即時效果而欲購買已開花的花支，則觀察花瓣需豐盛、完整無缺損、無褐斑。

保鮮照顧

1. 花莖末端切口可修剪成斜面或對剪為十字開口，以增加吸水率。
2. 修短花莖的長度並去除大量葉片，有助於開花和延長觀賞期。

亭亭玉立 彩色海芋

別名：馬蹄蓮
英名：Zantedeschia
原產地：南美洲
選購季節：全年均有花材提供，春、秋季尤盛。
插瓶壽命：約1~2星期。

花材特性

彩色海芋主要觀賞部位為色澤亮麗、曲線柔美的「佛焰苞片」，有多樣的色彩可供選擇，如紫、橙、黃、紅、粉色系、混色系等。內捲呈筒狀的苞片會逐漸展開呈小喇叭狀，而深藏不露的肉穗狀花序其實才是它真正的花。
台北陽明山竹子湖一帶大面積栽植美麗的海芋，品種以白色居多，清雅脫俗的氣質讓許多人不辭遠道而來一睹風采。

選購要點

花莖翠綠、挺直且切口處乾淨無黏液或髒污現象的花材為佳。為確保開花成功，宜挑選佛焰苞片已微微綻放的花支；若緊捲未開的花苞有時可能因室內的溫度太熱或太冷而無法順利開啟。

保鮮照顧

1. 海芋容易遭受細菌感染，修剪花莖時剪刀需注意清潔，且每天都需更換乾淨的瓶水，或在水中加入少許的花材專用殺菌劑或保鮮劑。

2. 炎熱的氣溫會加速老化減短觀賞壽命，宜擺設於陰涼處觀賞。

芬芳雅緻 香水百合

別名：天使百合

英名：Lilium Casablanca

原產地：園藝雜交品種

選購季節：全年均有花材提供，春、秋季尤盛。

插瓶壽命：約1~2星期。

花材特性

香水百合因一襲濃郁的芳香、高貴麗緻的瓣型，以及吉祥的花名，而成為各種重要典禮、婚宴和新娘捧花的上選花材。

其主要色系為白色與粉紅色，盛開時花徑可達15~20公分，空靈脫俗卻不失醒目，搭配上串狀的商陸果實為裝飾，更增添活潑、動感的韻律。

選購要點

莖葉翠綠、挺拔，且花朵無需刻意扶撐也能自然挺開的花支為佳。且每支花莖上具有3朵花以上為宜，最好其中一朵已綻放，另外尚有1~2枚為花苞狀

態，購回後還能欣賞陸續開花。

保鮮照顧

1. 由於百合花的花蕊極易沾染且很難清理，在花開時可先將褐黃的花藥一一摘除，避免沾染到潔白的花瓣或衣服，或造成呼吸道敏感者的過敏。若喜歡觀賞原始風貌者則可免除此動作。

2. 香水百合的花朵重實，全株有頭重腳輕的現象，選擇的花瓶應穩固且高度比例能托撐住花支為原則。

3. 每1~2天更換清潔的瓶水並適度修短花莖，有助於延長觀賞期。

雍容華貴 蝴蝶蘭

別名：娥蘭

英名：Pbalaenopsis

原產地：台灣、熱帶亞洲、南洋地區。

選購季節：全年均有花材提供。

插瓶壽命：約2星期。

花材特性

蝴蝶蘭是極為高貴優雅的花材，婚喪喜慶等重要場合的佈置均使用頻繁，亦常被製成美麗的胸花使用。在台灣本地栽培非常成功，且外銷至美國、日本等地。花色包括白花黃唇、白花紅唇、粉紅、黃、綠、紫紅、斑紋等品種，插瓶可維持十餘天之久，花序由下往上陸續綻放。

選購要點

挑選花瓣色澤亮麗、乾淨無斑傷，且花莖翠韌，無折損之花材為佳。花莖上最好具有6朵花以上豐碩的花量，且其中剛綻放2~3朵，另外尚有含苞待放的花苞數朵，這樣可維持較長的觀賞期。

保鮮照顧

1.將花莖末端切成斜口，增加吸水面積。

2.先開的花朵凋萎後隨即摘除，以免影響後續開花的美觀。

熱情活力 向日葵

別名：太陽花

英名：Sunflower

原產地：熱帶美洲。

選購季節：全年均有花材提供。

插瓶壽命：約1~2星期。

花材特性

向日葵的招牌特色就是充滿朝氣的鮮黃花瓣，和醒目的大面積花蕊。花徑大小有的比碗口還小，有的品種則比人臉還大，花瓣有長型和短型品種之分，花蕊常見則有深褐色或橘黃色。在室內瓶插幾朵，便如同沐浴在陽光中，充滿熱情活力。

選購要點

花莖粗壯無折損，且花朵的圓型對稱、花瓣排列整齊有序的花材為佳。選擇花開只六、七分左右的花支可讓觀賞期較長。

保鮮照顧

1.向日葵花莖極長，可修剪至插瓶需要的長度，並注意瓶器需穩重能承受全株的重量。

2.插瓶宜擺放於可受到明亮光線滋養之位置，如窗邊或燈光明亮處，每1~2日換水1次。

曠潔隱逸 白菊

別名：隱君子
英名：Cbrysantbemum
原產地：中國大陸。
選購季節：全年均有花材提供，夏季較少。
插瓶壽命：約1~2星期。

花材特性

　　菊類花卉自古就廣受文人雅士所喜愛，並常以菊花來比喻人的品德高潔脫俗。在現代，菊花亦是樸實、普遍的居家、辦公室和祭祀用花材，色彩包括白、紅、黃、紫紅、淺綠等，秋、冬季節開花最為旺盛，富麗的重瓣品種和幽幽的清香，值得細細品味。

選購要點

　　挑選花苞大而飽滿、莖枝粗壯挺直，且葉色乾淨、翠綠、葉型完整之花支為佳。若花店販售時包有塑膠套，最好能要求打開檢視一番，看看花朵是否完整、乾淨無蟲傷再購買。

保鮮照顧

1.將葉片大量去除，只保留近花處幾葉，以避免葉片泡水腐爛。
2.在瓶水中添加少許保鮮劑，可加強開花品質與延長觀賞期。

比翼高飛 天堂鳥

別名：天堂鳥蕉
英名：Bird of paradise
原產地：南非洲、台灣。
選購季節：全年均有花材提供。
插瓶壽命：約1星期以上。

花材特性

　　天堂鳥屬大型插花，花莖長度可達60~120公分，在各種花材中頗有鶴立雞群之氣勢。橙黃的花瓣和紫綠色唇瓣如鳥之彩冠，又似展翅飛翔的姿態。長長的紅綠色花托更如多連發槍匣般，由這裡將隱藏其中的數枚花苞一朵朵陸續推出綻放，生長方式很耐人尋味。若陸續有二、三朵花綻放時，則可形成許多隻天堂鳥比翼飛翔的畫面。

選購要點

　　挑選花莖挺直、翠綠的花支，觀察已開出的花朵是否完整無損、色澤豔麗，並輕壓花托檢查是否飽實，以推測裡頭是否還藏有數枚未開的花苞。

保鮮照顧

1.天堂鳥的花材既長且重，瓶器需特別注意是否穩重不會傾倒。
2.若發現花托內新花苞顏色已轉為鮮麗，但卻遲遲不能綻放開來，可將花材的花朵部分浸泡入水中，以手指從花托中將新花朵輕輕地拉出來。

附錄：種花也要通術語

●植物中文名稱：台灣地區學術界對植物的正式命名。

●植物學名：全世界對植物的統一稱謂。

●植物英文名：與中文名稱類似，以植物的特徵加以英文命名。

●植物別名：古時或地方性、商業性對植物的俗稱。

●花語／葉語：取自花卉或葉片的象徵寓意和民俗流傳，以做為感情的領會和傳情意趣之用。

●植物分類：依植物生長性狀不同而做分類，如科屬的不同，或是一年生草花、多年生草花、木本花卉、蔓藤類、水生植物、多肉植物、球根、灌木、喬木等分別。

●原產地：指某種植物的原始生長地點為何處，目前台灣除了本地原生種植物外，其他從國外引進的草花有許多都經過園藝上不斷的改良、雜交，形成愈來愈多的花色、高株變矮化或是一株植物可生二種以上花色等現象，則統稱為人工培育的「栽培種」。

●花期：指花卉的開花季節，播種之早晚亦會影響開花季節，如有些植物春天播種者花期在夏季；而夏季播種者花期則在秋季。

●毒性／藥性：有些植物的花、葉、根、莖等部位所含的汁液和成份，若誤觸或誤食可能會引起身體過敏、中毒現象；而有些植物經過專門藥學處理則有助於人體健康。

●換盆移植：在植物成長過程中，發現盆器已不足容納，或是想要更換美觀的盆器，或是要移種他處時，將植株連根帶土挖起做移動。

●三要素肥：含有植物所需的氮、磷、鉀三種基本養分的化學肥料。

●休眠：不同的植物在某些季節時，生長速度變得極為緩慢或幾乎停止，但仍存有生命跡象，稱之為休眠，此時通常只需少量的水分和養分即可，等渡過了休眠期植株將會再度恢復明顯之生長力。

●遮蔭：以覆蓋物、遮簷去減弱陽光的照射與熱力，保護喜歡陰涼和柔和光的植物免於受到光害。

●剪枝：將植物的落葉、殘花剪去，以維持盆栽美觀，或是當植物葉片過於茂盛、枝條過長不整齊時，加以修剪成理想的狀況。

●整枝：引導植物生長方向、形狀，如設立支柱以繫繩固定蔓藤植物的枝條，或是分多次、技巧的施力，來扭曲原本筆直的莖幹，使其生長成奇特之形狀。

●盆栽：將植物栽培於盆器中方便搬移

和觀賞，常可依尺寸分為大型、中型、袖珍盆栽。

●**切花材**：只取欲觀賞的花朵和花莖，或是葉片、果串部份，而不連根帶土，僅以盛水的瓶缽作短期供養之植物。

●**段木**：從莖幹上截切下來一小段，用來水栽或插苗之用。如巴西鐵樹即可用此方式來繁衍。

●**頂芽**：生長在莖條尖端的嫩芽即為頂芽，主要生長趨勢為順著既有的莖幹方向繼續長高，若在頂芽初萌時，將其摘除則可促進側芽的生長，即使植株向四周圍寬長。

●**側芽**：生長在緊臨於葉片上下的新芽，即稱為側芽，將來會演化為植株的側枝莖葉。

●**莖幹**：一般草本或木本植物的莖幹為筆直向上生長的垂直性莖枝；而匍匐性植物的莖幹則為傾倒在地面，或盆栽高掛時會呈現懸垂狀，有些莖節上還會生長細根可攀附支架或地面。

●**花冠與花序**：花冠指花瓣生長的形式，有合瓣、重瓣、喇叭狀、長筒狀、漏斗形、唇形、輪形、十字形、蝶形、蘭形等等。就整株植物莖幹上的各個花朵與花朵間的排列關係而言則稱為花序，可分為頂生單花、頂生多花、穗狀花序、總狀花序、繖房花序、葇荑花序等等。

●**花徑**：花朵的直徑大小，即花瓣邊緣最遠兩點之間的距離。

●**苞片**：生於花苞或新芽外圍的片狀包被物稱為苞片。

●**葉形與葉緣**：葉片面積所呈現的形狀稱為葉形，如卵形、橢圓、心形、細針形、三角形、菱形、提琴形等等。葉片的邊緣也有許多不同的樣式，如完整的全緣、波浪狀、淺裂、深裂、鈍鋸齒狀、細鋸齒狀、不規則形，另有掌狀葉、羽狀複葉等。

●**介質**：非土壤成分，但常與土壤混合在一起，具有保水、保肥力亦可固定植物根部的栽培材料。

●**培養土**：栽培花木用的土壤，如泥炭土、砂土、腐植土等，可添加不同功能的介質混合調製出適合不同植物生長所需的混合性土壤。

●**肥傷**：因施肥不當或過多，使得植株生長不良、受到傷害即稱之為肥傷。

●**植物生理障礙**：因土壤成分、酸鹼性，或是環境日照、溫度、濕度、肥料、水分不當引起的植物生長問題。因此，栽培花木時必需認識各植物的不同生長條件，才能使其成長良好。

●**病蟲害**：細菌和昆蟲類所引起的植物病變，根、莖、葉均有可能遭到侵害。在選購盆栽時即應注意觀察植株是否健康，沒有被咬缺現象和蟲卵寄生，若等栽培後才發現遭到病蟲害，只能對症下藥以植物專用殺蟲劑來挽救。

國家圖書館出版品預行編目資料

超好種室內植物：簡單隨手種，創造室內好風景
／唐芩著.—初版.—
台北市：朱雀文化，2002〔民91〕
　　　面： 公分.—（PLANT；3）
ISBN 957-0309-63-6（平裝）
1.園藝
435.11　　　　　　　　　　　　　91007752

PLANT *003*

超好種室內植物——簡單隨手種，創造室內好風景

作　　者　　唐　芩
審　　訂　　陳長凱
攝　　影　　褚　凡
版型設計　　張小珊
美術編輯　　鄧宜琨
企畫統籌　　李　橘
發 行 人　　莫少閒
出 版 者　　朱雀文化事業有限公司
地　　址　　台北市基隆路二段13-1號3樓
電　　話　　02-2345-3868
傳　　真　　02-2345-3828
劃撥帳號　　19234566 朱雀文化事業有限公司
e-mail　　 redbook@ms26.hinet.net
網　　址　　http://redbook.com.tw
總 經 銷　　展智文化事業股份有限公司
I S B N　　957-0309-63-6
初版一刷　　2002.05
初版三刷　　2005.12
定　　價　　280元
出版登記　　北市業字第1403號